U0363024

第二次全国污染源普查实践系列丛书

区县污染源普查清查工作技术指南

张红振　董璟琦　雷秋霜　编著

中国环境出版集团·北京

图书在版编目（CIP）数据

区县污染源普查清查工作技术指南/张红振，董璟琦，雷秋霜编著. —北京：中国环境出版集团，2019.11

（第二次全国污染源普查实践系列丛书）

ISBN 978-7-5111-4190-3

Ⅰ.①区… Ⅱ.①张… ②董… ③雷… Ⅲ.①污染源调查—中国—指南 Ⅳ.①X508.2-62

中国版本图书馆 CIP 数据核字（2019）第 278266 号

出 版 人	武德凯
责任编辑	陈雪云
文字编辑	王宇洲
责任校对	任 丽
封面设计	宋 瑞

更多信息，请关注
中国环境出版集团
第一分社

出版发行　中国环境出版集团

（100062　北京市东城区广渠门内大街 16 号）

网　　址：http://www.cesp.com.cn

电子邮箱：bjgl@cesp.com.cn

联系电话：010-67112765（编辑管理部）

010-67112735（第一分社）

发行热线：010-67125803，010-67113405（传真）

印　　刷	北京中科印刷有限公司
经　　销	各地新华书店
版　　次	2019 年 11 月第 1 版
印　　次	2019 年 11 月第 1 次印刷
开　　本	787×1092　1/16
印　　张	8
字　　数	160 千字
定　　价	55.00 元

《第二次全国污染源普查实践系列丛书》
项目支持

本系列丛书得到了"通州区第二次全国污染源普查技术服务项目""邯郸市第二次全国污染源普查技术服务项目""武安市第二次全国污染源普查技术服务项目"等普查项目，以及国家重点研发计划项目"污染场地绿色可持续修复评估体系与方法（2018YFC1801300）"、世界银行咨询项目"中国污染场地风险管控的环境经济学分析及优化建议"、污染场地安全修复技术国家工程实验室开放基金项目"工业地块土地安全修复与可持续利用规划决策支持方法与平台构建研究（NEL-SRT201709）"、污染场地安全修复技术国家工程实验室开放基金项目"大型污染场地精细化环境调查与风险管控技术方法与实例研究（NEL-SRT201708）"的共同资助。

《区县污染源普查清查工作技术指南》
编写委员会

张红振	董璟琦	杨成良	宗慧娟	张文清	沈贵宝
张旭云	雷秋霜	段美惠	王思宇	李香兰	牛坤玉
李剑峰	曹　东	张鸿宇	赵高阳	姜金海	张明明
彭小红	梅丹兵	武梦瑶	崔博君	高　月	白俊松
王籽橦	李　森	杨雨晴	张黎明	邓璟菲	董国强
徐晓云					

前　　言

清查是第二次全国污染源普查工作的重要内容，是确定普查入户调查对象，了解各类固定污染源的数量、结构、区域和行业分布情况，建立健全普查基本单位名录库和普查信息数据库的重要基础。按照《国务院办公厅关于印发第二次全国污染源普查方案的通知》（国办发〔2017〕82 号）、《关于印发〈第二次全国污染源普查清查技术规定〉的通知》（国污普〔2018〕3 号）、《关于开展第二次全国污染源普查入河（海）排污口普查与监测工作的通知》（国污普〔2018〕4 号）等文件精神和技术要求，通州区结合自身发展特点和区位优势，充分组织相关力量开展普查清查工作。

2018 年 4 月 24 日，北京市通州区第二次全国污染源普查领导小组办公室（以下简称"区普查办"）召开清查阶段第一次工作布置会，各乡镇/街道政府分管领导、各乡镇/街道普查机构负责人、工作人员，以及普查指导员共计 110 余人参会。会议布置了清查的工作要求、管理机制、进度要求，并向参会人员详细介绍了第二次全国污染源普查总体情况和通州区工作进展，并对通州区清查工作的主要任务和技术要点进行了详细讲解。会议下发了《第二次全国污染源普查清查技术规定》《北京市通州区第二次全国污染源普查清查阶段工作手册》。4 月 28 日，区普查办召开了清查阶段第二次工作布置会，普查指导员约 50 人参会，徐晓云副局长部署工作，明确了具体工作的质量要求和考核机制，从各乡镇/街道培训质量、清查入户方法、核查校核工作量投入、档案管理分类制度、宣传引导等方面进一步加强要求。5 月 1 日，区普查办组织第三方技术机构召开清查阶段工作调度会，编制完成了《关于加强通州区第二次全国污染源普查清查阶段工作成效的通知》《通州区第二次全国污染源普查清查阶段校核和档案管理的规定》。会议对清查阶段技术骨干（10 人）进行了详细的技术培训，提出了加强通州区养殖业污染源清查的具体工作要求，明确了生活源锅炉的清查技术要求，总结了常见问题解答汇总。4 月 26 日至 5 月 10 日，分别完成了 15 个乡镇/街道的培训，清查阶段接受培训人员数量达到 1 200 余人。5 月 8 日，区普查办组织第三方技术机构召开清查阶段进展情况内部交流会。对中仓街道、宋庄镇的清查情况进行了详细说明。5 月 10 日区普查办召开了清查阶段工作进展调度会。

在清查过程中，存在部分乡镇启动时间较晚、工作机制理解不到位、难以保障质控要求等困难，需积极协调加快进度安排、优化人员配置、确保校核质量、做好档案管理。根据国家和北京市对第二次全国污染源普查清查工作的总体部署和工作要求，通州区结合自身发展特点和区位优势，充分组织相关力量积极开展普查清查工作，2018 年 4—8 月，历时 5 个月，圆满完成了通州区第二次全国污染源普查清查工作任务，系统构建了通州区清查源"一源一图一档一册"的完备管理体系，为下一步全面打赢全区污染源普查入户攻坚战奠定了坚实的基础，也为下一步加强全区环境污染源风险防控和环境监管提供了重要的数据支撑。

截至 2018 年 6 月底，通州区普查办按时完成区普查清查工作。整体清查工作顺利，成果质量可控。8 月 8 日经乡镇/街道普查机构和园区管委会协同办公，查漏补缺、补充入户后，经 2 次修改最终向北京市提交第五次数据，满足国家和北京市上交要求。在此基础上，严格按照北京市普查办反馈的关键问题和错误点开展质量核查工作，满足国家和北京市的清查质量要求。

作　者
2019 年 2 月

目　　录

第 1 章　污染源普查清查工作的背景

1.1　清查背景

2018 年 3 月 20 日，《关于印发〈第二次全国污染源普查清查技术规定〉的通知》（国污普〔2018〕3 号）的发布，明确了清查工作的目的、原则和要求，以及对象、范围、内容和组织实施。

1.2　清查目的、原则与要求

1. 清查目的

清查工业企业和产业活动单位、规模化畜禽养殖场、集中式污染治理设施、生活源锅炉和入河（海）排污口等调查对象的基本信息，建立第二次全国污染源普查基本单位名录，为全面实施普查做好准备。

2. 清查原则与要求

按照"应查尽查、不重不漏"的原则，对各级行政区域范围内的全部工业企业和产业活动单位、规模化畜禽养殖场、集中式污染治理设施、生活源锅炉和入河（海）排污口逐一开展清查。

登记地址和生产地址不在同一区域的，按照生产地址进行清查登记。

有多个生产地址的工业企业或产业活动单位，按照不同生产地址的清查顺序依次编号并分别进行清查登记。

涉及不同行政区域的，按照地域管辖权限分别进行清查登记。

同一单位生产经营活动同时涉及工业生产、规模化畜禽养殖或集中式污染治理的，分别归入相应类别进行清查登记。

地方各级普查机构可根据需要扩大清查范围或增加清查内容。

1.3 工作依据

1.3.1 法规依据

（1）《中华人民共和国统计法》；

（2）《中华人民共和国环境保护法》。

1.3.2 政策文件

（1）《全国污染源普查条例》，国务院令 第 508 号；

（2）《国务院关于开展第二次全国污染源普查的通知》，国发〔2016〕59 号；

（3）《国务院办公厅关于印发第二次全国污染源普查方案的通知》，国办发〔2017〕82 号；

（4）《关于印发〈第二次全国污染源普查项目预算编制指南〉的通知》，国污普〔2017〕3 号；

（5）《关于印发〈第二次全国污染源普查部门分工〉的通知》，国污普〔2017〕4 号；

（6）《关于印发〈第二次全国污染源普查工作要点〉的通知》，国污普〔2017〕9 号；

（7）《关于第二次全国污染源普查普查员和普查指导员选聘及管理工作的指导意见》，国污普〔2017〕10 号；

（8）《关于做好第三方机构参与第二次全国污染源普查工作的通知》，国污普〔2017〕11 号；

（9）《关于印发〈第二次全国污染源普查试点工作方案〉的通知》，国污普〔2018〕2 号；

（10）《农业部办公厅关于做好第二次全国农业污染源普查有关工作的通知》，农办科〔2017〕42 号；

（11）《北京市第二次全国污染源普查领导小组办公室关于开展北京市第二次全国污染源普查工作的通知》，京普查办〔2017〕1 号；

（12）《关于印发〈北京市第二次全国污染源普查实施方案〉的通知》，京污普〔2018〕2 号；

（13）《关于同意设立北京市通州区污染源普查领导小组的批复》，通编临字〔2017〕45 号。

1.3.3　技术导则

（1）《关于开展第二次全国污染源普查生活源锅炉清查工作的通知》，环普查〔2017〕188 号；

（2）《关于印发〈第二次全国污染源普查清查技术规定〉的通知》，国污普〔2018〕3 号；

（3）《大气挥发性有机物源排放清单编制技术指南（试行）》，环保部公告　2014 年　第55 号；

（4）《大气氨源排放清单编制技术指南（试行）》，环保部公告　2014 年　第 55 号；

（5）《大气污染源优先控制分级技术指南（试行）》，环保部公告　2014 年　第 55 号；

（6）《大气细颗粒物一次源排放清单编制技术指南（试行）》，环保部公告　2014 年第 55 号；

（7）《非道路移动源大气污染物排放清单编制技术指南（试行）》，环保部公告 2014 年第 92 号。

第 2 章　污染源普查清查数据基础

2.1　国家清查数据基础

2017 年 9 月 10 日《国务院办公厅关于印发第二次全国污染源普查方案的通知》（国办发〔2017〕82 号）明确了本次普查标准时点为 2017 年 12 月 31 日，时期资料为 2017 年年度资料。普查对象为中华人民共和国境内有污染源的单位和个体经营户。范围包括：工业污染源，农业污染源，生活污染源，集中式污染治理设施，移动源及其他产生、排放污染物的设施。污染源普查清查工作作为全面普查工作启动前的重要工作内容，其清查数据的时期要求、数据范围及对象也需严格按照方案中的相关要求执行，国家清查数据基础也应主要基于方案的数据范围。

2.2　北京市清查数据基础

通州区第二次全国污染源普查清查阶段北京市下发的清查数据如表 2-1 所示。

表 2-1　北京市清查数据来源

序号	数据类型	文件名称	北京市数据	通州区数据	纳入汇总
1	集中式污染治理设施	北京市生活垃圾处理设施基础数据-市城市管理委-通州区	√	—	√
2	燃气锅炉	通州区-锅炉初步名录	√	—	√
3		通州区燃气锅炉台账更新版	√	—	√
4		通州-燃煤锅炉改燃气锅炉清单	√	—	√

续表

序号	数据类型	文件名称	北京市数据	通州区数据	纳入汇总
5	工业企业、畜禽养殖、餐饮住宿、超市零售	北京市-通州区数据（A-D，F，N，O）	√	—	√
6		提供给环保局所需数据-市质监局-通州区	√	—	√
7		提供给环保局所需数据-市质监局-通州区-分区	√	—	√
8		北京市电网数据（B、C、D、F、N、O）	√	—	√

在以上数据文件基础上通过查重处理对北京市下发的企业名录进行初步的筛选校核，具体处理过程如下：

基于市里下发的各类清单总表，第一步将通州区企业清单和国家电网清单进行汇总，按照一定规则删掉重复项；第二步将查重后的企业清单汇总表与查重后的国家电网清单进行合并补充；第三步将合并后的总表与质监局提供的清单进行合并补充；第四步根据不同数据来源进行编号、汇总，并进行乡镇/街道的拆分，统计各乡镇/街道企业总数。

具体查重规则如图 2-1 所示。

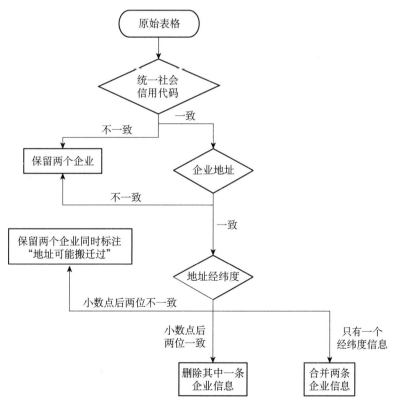

图 2-1　北京市下发企业查重工作流程

2.3 通州区清查数据基础

通州区第二次全国污染源普查清查阶段由通州区各管理部门收集整理的清查数据如表 2-2 所示。

表 2-2 数据来源

序号	数据类型	文件名称	北京市数据	通州区数据	纳入汇总
1	集中式污染治理设施	20161216 通州区污水厂台账（水务局）（1）	—	√	√
2		2017 年农村生活污水治理工程清单-报水务局（1）	—	√	√
3	燃气锅炉	通州区燃气锅炉台账	—	√	√
4		农委 2015—2017 各乡镇"煤改电"村庄明细表	—	√	√
5		质监 2018.3.9 北京市通州区在用承压类锅炉清单	—	√	√
6	工业企业、畜禽养殖、餐饮住宿、超市零售	新乡镇街道污染源汇总表（格式）已删除退出企业（1）	—	√	√
7		农业局提供规模养殖水产数据	—	√	√
8	排污口	通州区排水口追根溯源汇总（10.10）	—	√	√
9		通州区排水口汇总（1）	—	√	√
10	统计	区统计局提供经济普查和 2017 年统计年鉴	—	√	
11	干洗店、超市	商务委提供干洗店及大型超市名录	—	√	√
12	非道路移动机械	园林局-非道路移动机械摸排汇总表	—	√	√
13		住建委提供非道路机械摸排表和市政道路清单	—	√	√
14	餐饮住宿	旅游委通州区住宿业单位名单	—	√	√
15		食药局北京市通州区有证餐饮单位台账	—	√	√
16	化肥农药	种植中心化肥、农药使用情况	—	√	

根据国家第二次全国污染源普查有关要求，本着只增不删的基本原则，尽量保持国家与北京市原有下发基表不变。

基于以上数据，对北京市下发数据与通州区数据进行核对形成最终清查基础数据。具体处理过程如下：

1. 处理过程

具体核对统一流程如图 2-2 所示。

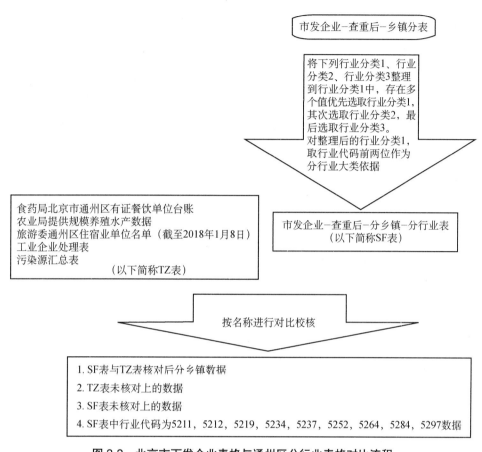

图 2-2 北京市下发企业表格与通州区分行业表格对比流程

2. 主要方法步骤如下

（1）对"市发企业-查重后-乡镇分表"，按行业分类，明确到国民经济行业代码前两位；

（2）对"市发企业-查重后-乡镇分表"分类后，将餐饮和住宿类分别与"食药局北京市通州区有证餐饮单位台账"和"旅游委通州区住宿业单位名单（截至 2018 年 1 月 8 日）"核对统一；

（3）对"市发企业-查重后-乡镇分表"分类后，将畜禽养殖类与"农业局提供规模养殖水产数据"核对统一；

（4）对"市发企业-查重后-乡镇分表"分类后，将工业类与"工业企业处理表"核对统一；

（5）对"市发企业–查重后–乡镇分表"分类后，将上述所有核对后的表与"污染源汇总表"核对统一。

3. 其他行业数据核对方法说明

（1）建立燃气锅炉清单

处理过程：基于通州区环保局提供的原始锅炉清单，第一步删除停用状态锅炉；第二步将锅炉企业清单通过条件函数分别与"通州区燃气锅炉台账""质监 2018.3.9 北京市通州区在用承压类锅炉清单""通州–燃煤锅炉改燃气锅炉清单"中的企业，根据企业名称进行核对统一，去除重复项，保留不同项；第三步补全乡镇/街道信息；第四步根据燃气锅炉清单补充核对锅炉数量。获得通州区锅炉清单。

通州区锅炉企业具体查重规则如图 2-3 所示。

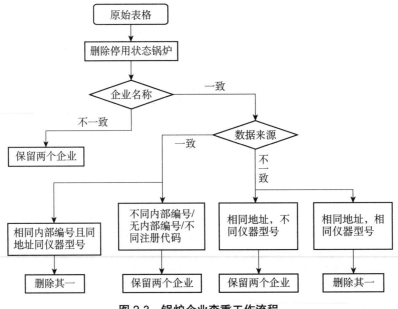

图 2-3 锅炉企业查重工作流程

（2）建立集中式污染治理设施清单

处理过程：基于通州区"2017 年农村生活污水治理工程清单–报水务局（1）"和"20161216 通州区污水厂台账（水务局）（1）[含已投入运行通州区污水处理厂（站）及 2017 年年底前通州区计划新增污水处理厂（站）数据]"，根据企业名称，按照分级分类的思路进行核对统一，整合获取集中式污染治理设施清单。

（3）建立干洗店和超市清单

处理过程：干洗店清单和超市清单主要是基于"商务委提供干洗店及大型超市名录"、

市发企业数据及通州区提供企业数据，对以上数据进行统一核对并筛选出零售类企业中可能涉及 VOCs 排放的 9 个行业企业数据（行业代码 5211，5212，5219，5234，5237，5252，5264，5284，5297），从而汇总获得干洗店和超市清单。

（4）建立非道路移动机械清单

处理过程：非道路移动机械清单基于"园林局-非道路移动机械摸排汇总表""住建委提供非道路机械摸排表和市政道路清单"直接汇总获得。

第 3 章 污染源普查清查对象

3.1 工业污染源

3.1.1 清查技术规定要求

《国民经济行业分类》(GB/T 4754—2017)中采矿业、制造业以及电力、热力、燃气及水生产和供应业的全部工业企业,包括经有关部门批准的各类工业企业,以及未经有关部门批准但实际从事工业生产经营活动、产生或可能产生污染的所有产业活动单位。

2017 年 12 月 31 日以前新建的企业或单位,已验收的和尚未验收但已造成排污事实的均须纳入清查范围。

清查内容包括工业企业或产业活动的单位名称、运行状态、统一社会信用代码(或组织机构代码)、生产地址、联系人及联系方式、行业类别。

对于可能涉及伴生天然放射性核素的 8 类重点行业 15 个类别的矿产采选、冶炼和加工产业活动的单位,需对原料、产品和固体废物的放射性水平开展初测,具体矿产类别、行业范围、筛查标准和监测规定详见《关于印发〈第二次全国污染源普查伴生放射性矿普查监测技术规定〉的通知》(国污普〔2018〕1 号)。

对于国家级、省级开发区中的工业园区(产业园区),包括经济技术开发区、高新技术产业开发区、保税区、出口加工区、边境/跨境经济合作区,以及其他类型开发区等进行资料登记。登记内容包括工业园区名称、管理机构联系人及联系方式。

3.1.2 通州区工业污染源情况

1. 工业企业

工业源普查对象为产生废水污染物、废气污染物及固体废物的所有工业行业产业活动单位。根据 2015 年"环保大检查"及通州区部分企业退出后的最新更新成果，通州区现有工业源共涉及国民经济行业 28 个行业类别。主要行业类别包括：化学原料和化学制品制造业、家具制造、金属制品、机械电子、汽修等。

由于 2011 年规模以上工业企业数量统计端口发生变化，因此通州区 2005—2016 年规模以上工业企业数量出现断层，但可以看出，2011 年以后通州区大力提升产业结构，淘汰落后产能，使得工业企业总数量呈现下降趋势，特别是 2016 年大量工业企业调整退出后，规模以上工业企业总数大幅度减少。

2. 工业园区

对通州区区级以上工业园区（产业园区）实行登记调查。

3. 加油站

根据《北京市通州区统计年鉴（2016）》中全区 2015 年柴油消耗量、北京市统计局给出的通州区汽油年消费量数据，对比通州区 2015 年加油站填报汽油消费量实际数据进行调查。

3.2　农业污染源

3.2.1　清查技术规定要求

清查养殖规模为生猪年出栏量不小于 500 头、奶牛年末存栏量不小于 100 头、肉牛年出栏量不小于 50 头、蛋鸡年末存栏量不小于 2 000 羽、肉鸡年出栏量不小于 10 000 羽的全部规模化畜禽养殖场（养殖小区）。

清查内容包括养殖场名称、运行状态、统一社会信用代码（或组织机构代码）、养殖场地址、联系人及联系方式、养殖种类及规模。

3.2.2　通州区农业污染源情况

农业污染源普查范围包括种植业、畜禽养殖业和水产养殖业。

通州区农业种植类型主要包括冬小麦、春玉米、春季菜田、设施农业和果园，农业面源以漷县、西集、永乐店、于家务等乡镇为主。

3.3 生活源锅炉

3.3.1 清查技术规定要求

规模化以下畜禽养殖场、采用设施农业或工厂化生产方式的农业生产经营单位的锅炉纳入生活源锅炉清查范围，详见《关于开展第二次全国污染源普查生活源锅炉清查工作的通知》（环普查〔2017〕188号）。

本次普查对象为除工业企业生产使用以外所有单位和居民生活使用的锅炉（以下统称生活源锅炉），城市市区、县城、镇区的市政入河（海）排污口，以及城乡居民能源使用情况，生活污水产生、排放情况。

3.3.2 通州区生活源锅炉情况

根据《北京市通州区统计年鉴（2014）》，全区公共机构及限额以上非工业单位能源消耗总量37.9万t标准煤，其中，煤炭消耗总量15.95万t，电力消耗总量6.15亿kW·h，汽油2.74万t，柴油3.2万t，液化石油气1615t，天然气3140万m³，热力169.32 GJ。

3.4 集中式污染治理设施

3.4.1 清查技术规定要求

集中式污染治理设施包括集中处理处置生活垃圾、危险废物和污水的单位。

生活垃圾集中处理处置单位包括生活垃圾填埋场、生活垃圾焚烧厂及以其他处理方式处理生活垃圾和餐厨垃圾的单位。

危险废物集中处理处置单位包括危险废物处置厂和医疗废物处理（处置）厂。危险废物处置厂包括危险废物综合处理（处置）厂、危险废物焚烧厂、危险废物安全填埋场和危险废物综合利用厂等；医疗废物处理（处置）厂包括医疗废物焚烧厂、医疗废物高温蒸煮厂、医疗废物化学消毒厂、医疗废物微波消毒厂等。

污水集中处理单位包括城镇污水处理厂、工业污水集中处理厂和农村集中式污水处理设施。其中，农村集中式污水处理设施指通过管道、沟渠将乡或村污水进行集中收集后统一处理的、设计处理能力不小于 10 t/d（或服务人口不小于 100 人，或服务家庭数不小于 20 户）的污水处理设施或污水处理厂。

清查内容包括设施名称、运行状态、统一社会信用代码（或组织机构代码）、设施地址、联系人及联系方式、设施类别。

3.4.2 通州区集中式污染治理设施情况

通州区现有集中式污染处理设施主要分为集中式污水处理设施、垃圾填埋场（含临时场）和集中式废气处理设施三种类型。

1. 固体废物及危险废物集中处理处置设施

通州区固体废物及危险废物集中处理处置设施类型主要包括：集中垃圾填埋场（含临时场）、餐厨集中处理设施、生活垃圾焚烧厂、危险废物处置厂、污泥处理处置厂和电子废物处置厂。具体情况如表 3-1 所示。

表 3-1　通州区部分固体废物及危险废物集中处理处置场所

序号	名称	乡镇	处置内容
1	北京市通州区西田阳垃圾卫生填埋场	马驹桥	填埋
2	北京环境卫生工程集团一清分公司	台湖	填埋
3	8 家乡镇临时垃圾填埋场		填埋
4	北京润泰环保科技有限公司	永乐店	医疗垃圾焚烧
5	北京一轻百玛仕餐厨垃圾处理厂	台湖	餐厨垃圾
6	华新绿源环保产业发展有限公司	马驹桥	电子垃圾综合利用
7	伟翔联合环保科技发展（北京）有限公司	马驹桥	电子垃圾综合利用
8	通州区污泥无害化处理及资源利用工程	潞城	污泥处置与再生利用
9	张家湾再生水厂配套餐厨、污泥处置厂	张家湾	

2. 集中式污水处理厂（站）

2016—2017 年通州区新增了一批污水处理厂（站）及临时污水处理设施。截至 2017 年年底，城区和乡镇级污水处理厂设计日处理能力约 38 万 t/d。村级和临时污水处理站设计日处理能力约 9 万 t/d。

3.5 入河排污口

3.5.1 清查技术规定要求

清查范围包括所有市区、县城和镇区范围内，经行政主管部门许可（备案）设置的或未经行政主管部门许可（备案）的，通过沟、渠、管道等设施向环境水体排放污水的入河（海）排污口。其中，环境水体包括国家或各级地方政府已划定的水功能区、近岸海域环境功能区，各级地方政府已确定水质改善目标的江河（含运河、渠道、水库等）、湖泊和近岸海域等，直接向环境水体排放废（污）水的排污口均须纳入入河（海）排污口清查范围。

清查内容包括入河（海）排污口名称、编码、类别、地理坐标、设置单位、规模、类型、污水入河（海）方式、受纳水体名称。

3.5.2 通州区城镇及农村入河排污口情况

通州区小流域主要分布在漷县镇、宋庄镇、台湖镇等，以台湖镇小流域条数最多。从小流域类型上看，以区间型小流域居多，占全区的 48.19%，完整型小流域数量最少。通州区主要以人工灌渠形成各类区间型小流域。通州区共有河流 26 条，其中市管河流 3 条，分别为北运河、潮白河、温榆河；区管河流 23 条。

根据 2017 年通州区排污口统计结果显示，全区雨污排水总量为 6.05 万 t/d，未完成治理排污口排水总量为 4.24 万 t/d，治理后排污口排水总量为 1.76 万 t/d。治理后排水量占总排水量的 30%。随着农村治污及黑臭水体治理，此排污口数量已发生变化。

3.6 其他清查对象

1. 生活服务类污染源

通州区现有的生活服务类污染源主要包括学校、餐饮、医院、银行、超市等生活服务企业设施，生活服务类污染源所排放的主要污染物种类包括进入市政管网或地表水的生活污水，其中，餐饮行业会产生 VOCs 排放，医院会产生医疗垃圾危险废物。

2. 餐饮生活源

通州区现有的规模餐饮企业主要集中在城关 4 街道和潞城镇。

第4章 污染源普查清查工作内容与方法

4.1 清查工作技术路线

要求各参加普查技术指导和校核的相关机构在思想上高度重视清查工作，严格内部纪律要求，加强内部责任落实，确保参与此项工作的人员业务熟练，出勤相对稳定，持续高效地参与清查阶段的培训、指导、校核和相关讨论会、调度会，认真完成每日工作内容并总结经验，及时发现问题并积极提出解决方案措施。

清查工作整体工作框架如图4-1所示。

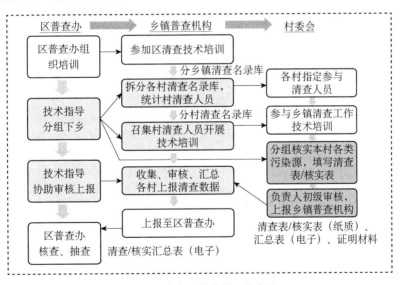

图4-1 清查工作整体工作框架

清查工作技术组组织实施构架如图4-2所示。清查工作开展期间，应加强工作间的协调沟通、层级审核和工作记录，具体要求如下。

（1）清查工作和技术指导人员应熟练掌握清查工作业务。全部参与人员应充分透彻的理解清查工作的技术规定和要求，同时要充分掌握各自负责乡镇/街道的清查工作量和相

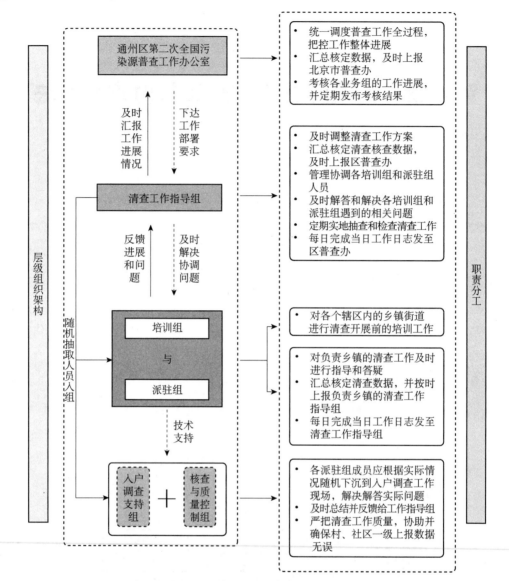

图4-2　北京市通州区第二次全国污染源普查清查工作技术组组织构架

关情况，坚决杜绝工作人员（尤其派驻组成员）在不了解背景情况下入驻和开展工作（由此导致的清查结果偏差或投诉情况出现，区普查办将严格追查到底）。

（2）区普查办核实参加培训的次数和前期工作质量，初步核实各单位参与清查工作的技术人员是否满足要求，并列出合格人员名单（根据后续新进人员的参与情况逐步增补）。严禁各单位派遣未进入合格人员名单的工作人员进驻乡镇或街道开展普查工作。要求新加入的人员最少参与过2次清查工作培训并通过区普查组织的面试考核。

（3）各参与单位派出的清查阶段技术指导团队工作人员应保持相对固定。清查阶段工作的分工和人员配备应保持相对稳定的状态，所有参与人员应尽量做到可持续、不间断地开展工作。①若工作指导组成员发生变动，应及时报备区普查办相关人员，新加入的成员必须前期参与过培训并完全熟悉掌握清查工作的所有内容；②若培训组与派驻组成员发生变动，应至少提前两天报备组长，由组长统计好人员信息（包括姓名、电话、参与前期培训工作次数）后上报工作指导组。经工作指导组批准（并核实已经做好交接）后方可进行人员更换。

（4）进一步明确清查工作的组织管理构架。通州区普查清查工作将按照区普查办统一管理，分为清查工作指导组、进驻培训组与派驻协调组（含入户调查支持与质控）两个层级展开工作。普查清查工作在区普查办统一领导下，两级工作人员应充分落实其职责分工，尽心尽责地完成其工作内容，保证清查阶段工作得到可靠、科学的结果。

清查阶段各机构人员主要职责如表4-1所示。

表4-1　清查阶段各机构人员主要职责

序号	组成方式		任务与要求
	机构	人员	主要职责
1	区普查办	负责人及综合组	总体协调、部署、审核、监督
2	技术指导组	技术骨干	（1）对技术组、乡镇/街道负责人开展技术指导和培训 （2）驻扎区普查办，对上报数据汇总核查 （3）建立对应乡镇/街道清查工作通信录、微信群，沟通协调
		小组成员	（1）协助各自负责乡镇/街道对各村清查工作人员，进行清查工作的详细培训、问题解答 （2）驻扎乡镇，协助乡镇普查机构开展清查审查、核查、按比例抽查
3	乡镇普查机构		（1）参与区普查办组织的培训 （2）联系落实本乡镇/街道各个村的清查人员，将本乡镇/街道负责清单数据按照村级进行分类，并将按照村级分类名单下发到各村 （3）组织召开本乡镇/街道内部培训会 （4）与区普查办衔接，审核各村上报数据，汇总上报至区普查办
4	村级入户清查组	负责人	（1）针对本村清查名单，进行清查工作分组安排 （2）对入户清查数据进行审核汇总，及时纠正不规范的填报现象 （3）将清查数据及时上报给乡镇普查机构
		小组成员	开展入户清查，两人一组按照清查名单进行逐一清查，按照时间要求上报清查结果

4.2　清查建库

根据《第二次全国污染源普查清查技术规定》和《北京市第二次全国污染源普查实施

方案》具体要求，清查建库为本次普查的第二阶段。清查的目的为摸清工业企业、规模化畜禽养殖场、集中式污染治理设施、生活源锅炉和市政入河（海）排污口等调查对象的基本信息，建立通州区第二次全国污染源普查基本单位名录，为全面实施普查做好准备。

按照北京市和通州区普查办的要求，开展数据收集、整理、分析和清查建库工作。开展清查建库和数据整理、核定、统计、分析、查重、筛分等具体工作，制作下发乡镇/街道的清查核查表，以便于区普查办和各乡镇/街道普查机构（以下简称"乡镇普查机构"）开展清查工作。

4.2.1　时间节点

试点乡镇和街道于 2018 年×月中旬前完成清查工作，建立辖区内普查基本单位名录；其他乡镇和街道于 2018 年×月中旬前完成清查工作，建立辖区内普查基本单位名录。

4.2.2　清查工作要点

（1）开展对各排污单位的清查，在污染源普查调查单位名录库筛选的基础上，开展辖区普查清查工作，建立普查基本单位名录库。清查工作主要通过与区普查领导小组各相关成员单位进行协调沟通、数据共享，对获取数据、信息和资料底图等进行处理和分析，对企业名录库进行更新、调整、筛选，填写清查表，形成各乡镇/街道普查基本单位名录库和普查分区。

（2）开展对伴生放射性矿产资源开发利用企业进行放射性指标初测，确定伴生放射性污染源普查对象。确定通州区核工业相关企事业单位及其他放射性矿产资源相关企业是否纳入普查对象，列入普查名录。

（3）建立入河排污口名录，开展排污口调查和水质水量监测。获取相关部门最新入河排污口及其水质水量排放数据，初步开展调查监测，分别于 4—5 月（旱季）和 6—8 月（雨季）开展两次排污口水质水量现场监测。

（4）开展全市生活源锅炉调查，建立锅炉台账。基于已有生活源锅炉清单开展核查与筛查，确定入户调查台账与分区。

（5）移动源调查清单的获取。通过与交通等相关部门沟通和数据共享，获取通州区移动源活动水平和流量等信息，筛选移动源重点监控分区和重点调查道路，确定移动源普查清单。

（6）其他补充源调查清单的获取。通过与相关部门沟通和数据共享，获取各类专项源活动水平、保有量、分布信息等最新资料和数据，分类别筛选建立专项源普查清单名录。

各类污染源清查表、清查对象和范围、清查要求等规定，应严格参照《第二次全国污染源普查清查技术规定》执行，并制定通州区清查技术规定、通州区清查质量控制和数据录入、校核等管理办法，严格把控清查过程中的入户和填表质量。

4.2.3　清查建库工作文件

为保证清查建库阶段的工作质量和数据汇总、审核、上报质量，拟编制以下清查建库阶段工作和技术文件。

表 4-2　清查建库阶段工作和技术文件（拟编制）

序号	名称	目的
1	北京市通州区第二次全国污染源普查清查工作手册（分乡镇/街道）	分乡镇/街道编制清查工作手册，明确各乡镇/街道普查小区和污染源分布情况，明确各乡镇/街道技术支持人员和乡镇/街道清查人员，为乡镇普查机构组织村一级人员参与清查工作提供指导和便利
2	关于进一步加强清查阶段工作成效的通知	建立通州区普查清查阶段组织实施技术要求和制度要求，确保高质量按时完成清查任务
3	通州区第二次全国污染源普查-清查阶段-校核档案管理工作手册	建立清查档案管理工作制度和技术要求，从前期抓好数据校核和档案管理工作，确保普查清查材料的完整性和可靠性
4	北京市通州区第二次全国污染源普查清查阶段数据录入及校核工作手册	确保清查数据按照国家和北京市的要求开展质控，进行数据汇总、审核、抽查、核查全过程把关，确保汇总各上报数据满足北京市清查要求
5	通州区第二次全国污染源普查清查阶段工作任务部署和分配计划	根据各乡镇/街道污染源数量和分布情况，详细部署各乡镇/街道清查阶段工作任务、工作进度和计划分配情况，保证按时完成清查任务

4.3　划分普查小区

普查小区是组织开展普查工作的基本地域单元，凡包含有第二次全国污染源普查对象的地域范围，都须划分普查小区。

普查小区的划分原则上按村（居）民委员会管辖的地域范围确定。对于坐落在一个行政区域范围内或跨几个行政区域独立设置的各类开发、旅游度假区、工矿区、院校区、商品交易市场等大型经济体，原则上不单独划分为行政区划以外的普查小区，按照邻近原则归入相近的行政区域。如确属普查工作需要，且有独立、完整的地理区域，可单独划分普查小区，但需报上级普查机构批准、备案，统一编码。

各级普查机构以目前统计上使用的行政区划地址代码库为基础，按村（居）民委员会管辖的地域范围划分普查小区、确定代码，普查小区对应 12 位代码。对于个别区域较大、单位较多的普查小区，可根据工作需要进一步拆分，并明确边界，在原 12 位代码后增加 1 位顺序识别码。发生较大区划变更或尚未得到区划代码的，需要按程序向国家普查机构申请以获得该普查小区代码。

所有普查小区都应有完整、封闭的边界，小区的交界地要具体明确，可选用道路、河流、建筑物等明显的地址点标示边界。普查小区边界线不能交叉，相邻普查小区之间，不得重叠、遗漏。普查小区边界仅用于污染源普查工作，不作为各级政府行政区域划分和行政管理的依据。

对非当地行政管辖，地理范围跨越行政管辖区域的"飞地"单位，其普查小区的划分由当地具备管辖权的上级普查机构统一协调划分。

乡镇普查机构拿到本乡镇/街道的名录库数据后，首先按照数据库中的详细地址信息，结合乡镇普查机构负责人、工作人员、村清查工作人员等了解乡镇/街道、各村企业情况的人员提供相关信息，在数据库的"村名"一栏中填写每个污染源所在村的名称，然后将本乡镇/街道数据分解到各个村。下发数据格式要求与乡镇/街道清查基表格式一致。要求各乡镇/街道于培训会召开后 2 日内将分解到普查小区的清查基表库通过公共邮箱或 QQ 群返回给区普查办。

4.4 入户清查

1. 工作流程

清查工作原则上要求入户清查。村清查负责人与乡镇普查机构共同确定好村级清查基表后，由熟悉情况的村清查负责人将村清查人员分组，按照组别开展入户清查工作。入户过程中，要求两人一组，一人填表，一人询问、初审、拍照。根据清查表内容，收集污染源排放单位基本信息和污染源基本情况。各村/普查小区开展清查工作的人员名单要求各乡镇/街道于培训会召开后 2 日内通过公共邮箱或 QQ 群返回给区普查办。

2. 清查表要求

村级清查人员按照要求填写五类污染源清查表，每天清查工作结束后将纸质版清查表交给村级清查负责人，村级负责人按照时间节点要求进行基表审核和汇总登记工作。同时纸质版需妥善保存，以备乡镇普查机构抽查核查，每周将纸质清查表连同交底记录上交给乡镇普查机构。

3. 清查核实表要求

村级清查人员按照要求填写五类清查核实表，清查核实表中具体企业经营信息、锅炉运行情况等可以不填，在备注栏中注明核实状态，即"关停、搬迁、退出、淘汰"等。村级清查人员要进行现场核实，通过拍照、提供证明材料等方式佐证。每天清查工作结束后将纸质版清查核实表交给村级清查负责人，村级负责人按照时间节点要求进行审核、录入、汇总。同时纸质版自行留存，以备乡镇普查机构抽查核查，清查总体工作结束后上交给乡镇普查机构。

入户阶段要求属地网格员带路，早期入户清查人员应由专业技术人员提供指导和现场校核，严格注意入户清查的方式方法和技巧，高质量填报反馈数据信息。

4.5 数据校核

清查数据校核工作包括乡镇普查机构负责人、工作人员、村清查工作人员、技术指导员等对各村清查基表中的信息逐条核对，在开展村入户清查之前应完成此项工作。对于确定纳入清查范围的，填写清查表；对于不纳入清查范围的，填写核实表；对于基表中缺失的污染源进行补充增加，对于实际存在而且正确的污染源信息进行确认，对于信息偏差的污染源信息进行修改或者删除。

对于增加、修改、确认的污染源（纳入清查范围），填写清查表和清查汇总表；对于删除的污染源（不纳入清查范围），填写清查核实表和清查核实汇总表，提供证明材料（照片、证明文件等确认文件）。清查核实表及其汇总表与清查表内容相同，需在清查表后增加备注不纳入普查范围的原因（如关闭、搬迁、取缔、退出等），并需要提供对应的证明材料，可以是照片、证明文件等，报乡镇/街道留存。

要求村一级确认后的清查清单需要村组织加盖公章后（同电子版清单）报送乡镇普查机构；要求各乡镇/街道将汇总确认后的清查清单加盖乡镇/街道人民政府的公章后（同电子版清单）报送区普查办。区普查办接收校核无误后存档保存。

校核过程发现错误或需要更改的，填写数据录入修改说明表，如表4-3所示。

表4-3 数据录入修改说明表（示例）

数据录入修改说明				
录入员：_____	2018 年____月____日			
修改文件名	修改行列数	原始数据	改后数据	修改原因
××××	4B	1	1.08	系统无法填写小数

修改文件名	修改行列数	原始数据	改后数据	修改原因

4.6 系统录入

对校核无误后的数据，接收后尽快安排录入人员根据市普查办的要求使用规定软件进行录入，保证上午接收的数据于当天下午 4：00 前完成录入及汇总，当天下午 5：00 前完成基于纸质版或电子汇总表的数据校核并上报区普查办领导审阅；下午接收的数据应于次日上午 10：30 前完成录入及汇总，次日上午 11：30 前完成基于纸质版或电子汇总表的数据校核并上报区普查办领导审阅。

数据校核人员对数据录入人员进行双重质量把关，记录数据录入纠错率统计表，如表4-4 所示。

表 4-4 数据录入纠错率统计表（示例）

数据录入纠错率统计表

2018 年_____月_____日

姓名	错误原因			
	录入错误		表格填写错误	
	数量	占整体比例	数量	占整体比例
录入人员 1				
录入人员 2				
录入人员 3				

4.7　档案管理

为了加强和规范北京市通州区第二次全国污染源普查档案的管理，保障普查档案管理工作及时步入正轨，确保档案的完整、准确、系统和安全，满足国家《污染源普查档案管理办法》、普查文件存档备查相关要求，同时为下一步信息化管理做准备，根据《中华人民共和国档案法》和《全国污染源普查条例》，结合污染源普查档案管理工作的特点，应编制普查期间档案管理工作手册。

通州区普查办档案管理遵循"谁主办、谁形成、谁负责"和"统一领导、分级管理、统一标准"的原则，实行"前期准备、过程控制、同步归档、分阶段移交"的管理方式，确保普查档案的完整、准确、有序、规范及安全。

4.7.1　档案管理内容

（1）A类：
● 清查阶段：清查表（A1）、清查汇总表（A2）、清查复核表（5%～10%）（A3）。
● 普查阶段：普查表（A4）、普查汇总表（A5）、普查复核表（5%～10%）（A6）。
（2）B类：清查核实表（B1）、清查核实汇总表（B2）、证明材料（B3）。
（3）C类：文件、通知及培训材料（C1）、日志、周报及照片（C2）。

4.7.2　档案文件格式分类

表 4-5　档案文件格式分类

文件格式	纸质版	电子版
A类	清查表（A1） 清查汇总表（A2） 清查复核表（5%～10%）（A3）	清查汇总表（A2）
	普查表（A4） 普查汇总表（A5） 普查复核表（5%～10%）（A6）	普查表（A4） 普查汇总表（A5） 普查复核表（5%～10%）（A6）
B类	清查核实表（B1） 清查核实汇总表（B2） 证明材料（B3）	清查核实汇总表（B2） 证明材料（B3）
C类	—	文件、通知及培训材料（C1） 日志、周报及照片（C2）

4.7.3　档案管理工作人员

针对普查档案管理工作，主要分为三级管理机构及工作人员，具体如下：

1. 通州区第二次全国污染源普查办公室

通州区第二次全国污染源普查办公室（以下简称"区普查办"）是本次污染源普查档案的归口管理部门，负责通州区第二次全国污染源普查档案管理，负责对职责范围内的档案工作进行统一领导、组织协调、指导、监督、检查（由技术指导组提供技术支持）。

2. 通州区各乡镇/街道普查机构

通州区各乡镇普查机构负责职责范围内的普查表册、资料类文件的汇总、审核、移交（由派驻和培训组提供技术支持）。

3. 各村组织/居委会污染源普查技术支持组

各村组织/居委会污染源普查技术支持组负责职责范围内的普查表册、资料类文件的填写、收集、汇总和移交（由入户调查支持和校核组提供技术支持）。

4.7.4　存档要求

所有普查资料均需完成电子版文件的保存及归档，按照分乡镇/街道、分类型、分行业的原则进行存档并建立电子版文件存档目录。

对于纸质版的档案文件，主要采用文件盒和文件柜进行保存，普查期间存放地点为区普查办档案室。可根据通州区污染源普查工作量初步估算全区污染源普查纸质文件需准备的文件柜及文件盒数量，并提前采购。普查纸质版档案材料还应建立专门的存档目录索引（纸质+电子版），并根据档案归档进度及时更新电子版目录索引，一个星期更新一次纸质版目录索引，并粘贴于文件柜外侧，方便查阅。

第5章 污染源普查清查质量控制方法

5.1 清查阶段工作部署和安排

1. 工作机制

本次清查工作采取"区统一部署，乡镇/街道组织协调，村委具体实施"的工作机制。各级机构密切配合，积极沟通，确保高质量、高效率地完成本次清查工作。详述如下：

● 区普查办组织开展清查工作技术培训，下发各乡镇/街道清查名录库，配备专业的技术指导队伍，分组下到乡镇/街道进行清查技术指导；

● 乡镇普查机构负责划分辖区内各村的清查名录库，召集村清查工作人员开展清查技术培训，负责对本辖区内各村上报的清查表进行汇总审核，定时上报到区普查办；

● 各村参与清查人员负责核实本村清查名录库，开展入户清查，纳入普查范围的填写本村污染源清查表，不纳入普查范围的填写本村污染源核实表，将结果定时汇总后上报到乡镇普查机构。

2. 工作内容和安排

(1)建立村级清查名录库：将下发到各乡镇/街道的清查名录库划分到各村(普查小区)，建立各村分行业的清查名录库。

(2)确定各村清查人员名单：将负责人名单和联系方式上报到区普查办，每村1名负责人、5～10名清查人员。

(3)召集村清查人员开展清查培训：与区普查办技术指导组成员协调培训时间，确认培训地点，在乡镇/街道召集辖区内各村的清查工作人员开展详细的清查培训。

(4)开展清查工作：村清查人员依据下发到各村的分行业清查名录库，开展入户清查，填写各类污染源清查表、污染源核实表，由村清查负责人审核后，将汇总表每日上报给乡镇普查机构，乡镇普查机构与技术指导人员共同审核汇总辖区内所有村的清查和核实汇总表后，每日上报给区普查办。

（5）清查对象范围：清查对象包括工业企业、规模化畜禽养殖企业、入河排污口、生活源锅炉、集中式污染治理设施。2017年12月31日以前关停、搬迁、拆除、退出等的企业，不纳入普查范围；2017年12月31日以前正常运行、停产、升级改造等的企业，纳入普查范围。纳入普查范围的污染源对象填写清查表和清查汇总表，不纳入普查范围的污染源对象填写核实表和核实汇总表。

3. 组织保障

（1）人员要求

区普查办组织30～40人的技术指导组，协助乡镇/街道开展技术培训，全程跟踪，参与乡镇/街道一级清查数据审核汇总，保障清查质量。

乡镇普查机构要求有1名具体负责人，3～5名数据审核、汇总工作人员。

各村委会要求确定1名清查负责人，5～10名清查工作人员。名单2018年4月25日下班前由乡镇普查机构提交到区普查办。

（2）时间进度

要求全部乡镇/街道于2018年5月12日之前完成生活源锅炉清查工作；全部乡镇/街道于5月25日之前完成其他各类污染源清查工作。

2018年4月26日—5月30日，技术指导组成员下到各乡镇/街道协助进行清查名录库分村和培训工作。技术指导组成员参与各乡镇/街道后续的清查数据审核汇总工作。

每日下午4：00前，由村清查负责人将前一日清查汇总表提交到乡镇/街道，乡镇普查机构于下午5：00前将本乡镇/街道清查汇总表提交到区普查办。

（3）质量控制

入户清查要求一组2人，1人填表，1人质控；关闭、搬迁、退出、注销等不纳入普查范围的企业，除填写核实表外，还应提供相应的证明材料，包括但不限于照片、盖章文件、退出手续材料等；区普查办技术指导组负责协助乡镇普查机构和区普查办进行清查数据审核与核查。

普查清查对象包括生活源锅炉、工业企业和产业活动单位、畜禽养殖场、集中式污染治理设施和入河（海）排污口。

在总结生活源锅炉清查情况的基础上，针对工业企业、畜禽养殖企业和集中式污染治理设施，根据前期各乡镇/街道底册清查建库结果，制订×月×日至×月×日（以通州区5月13—25日清查工作为例）阶段性工作安排。为进一步保障清查工作进度、确保清查校核质量、明确任务分配、划定时间节点，顺利实现清查阶段的工作任务如期完成，制订工作计划。

5.1.1 背景情况和工作进展

1. 乡镇/街道清查源数量及分布情况

根据前期普查清查阶段数据清查和建库的工作，得到了各类污染源在各乡镇/街道的分布数量。

畜禽养殖数据主要来源于市下发的数据和通州区统计数据，通过对重复数据的处理获得最终数据量。畜禽养殖业主要分布在漷县、潞城、西集、于家务、永乐店和张家湾等乡镇。

工业企业数据主要来源于市下发的数据和通州区统计数据，通过对重复数据的处理获得最终数据量。分乡镇清查源数据统计结果表明，漷县、潞城、马驹桥、台湖、宋庄、西集和张家湾等乡镇工业企业数量较多。

其他如锅炉数据也主要由北京市数据和通州区数据查重校对后获得。集中式污水处理设施和固体废物/垃圾处理场所数据主要以通州区统计数据为主。

2. 清查阶段乡镇/街道培训情况

4月26日至5月10日，分别完成了15个乡镇/街道的培训，清查阶段接受培训人员数量达到1 200余人。各乡镇/街道培训时间表如表5-1所示，框内数字为参会人数。

表5-1 乡镇/街道培训时间

序号	乡镇	4/26	4/27	4/28	5/2	5/4	5/7	5/8	5/9	5/10
1	北苑街道						35			
2	漷县镇					70				
3	潞城镇								200	
4	马驹桥镇								40	
5	台湖镇			21						
6	宋庄镇			300						
7	新华街道			20						
8	西集镇								170	
9	于家务乡					64				
10	永乐店镇									120
11	玉桥街道	25								
12	永顺镇						35			
13	中仓街道		30							
14	张家湾镇							150		
15	梨园镇					25				

3. 生活源锅炉清查情况

从 5 月 2 日起，各乡镇/街道陆续开展生活源锅炉清查工作，主要对清查过程中各乡镇/街道原始基表数量、更新后基表数量、清查汇总表数量、核实表数量以及其他情况数量进行统计。截至 2018 年 5 月 15 日，各乡镇/街道基本完成生活源锅炉的清查统计工作。

在清查过程中，技术组同时对各乡镇/街道生活源锅炉进行抽查审核。截至 2018 年 5 月 14 日，各乡镇/街道基本完成锅炉清查审核工作，技术组工作人员完成的抽查小区数量均满足普查清查工作相关要求。

5.1.2 清查阶段组织实施和管理构架

1. 组织机构管理构架

整体组织实施机构如图 5-1 所示。

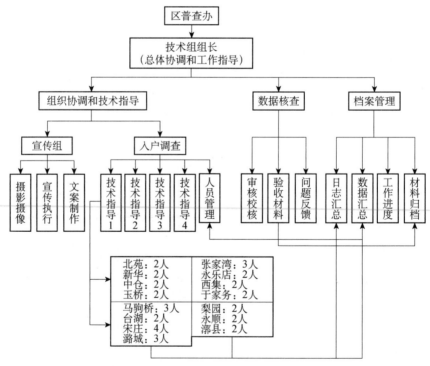

图 5-1 普查清查整体组织实施机构

普查清查工作期间，由入户调查组投入技术人员共计 40 余人，每个乡镇/街道安排一名派驻组长。派驻组主要参与协助各乡镇/街道基表审核、更新，指派技术人员参与乡镇/街道和各村入户清查工作，完成清查抽查核查工作，审核乡镇/街道每日上报的清查汇总表和核实汇总表等。

宣传组投入 1 人派驻通州区普查办，负责制订阶段性宣传计划、美工，与技术组和具体负责宣传事务的人员对接宣传材料和物品的制作发放，每日汇报宣传工作进展。

技术组安排总体协调一人，负责协助区普查办制订整体清查和普查工作进度安排，把握关键时间节点和上报材料，督促各项工作负责人及时提交相关材料。

技术组派驻区普查办 2 人，主要负责满足北京市普查办对区普查办的验收要求，也负责联系协调各乡镇/街道、各乡镇/街道上报数据汇总、抽查审核、材料准备、汇报提交等工作。

技术组安排分管宣传、人员组织协调工作 1 人，主要负责技术组内人员分组、根据乡镇/街道入户清查进度进行组内和组间人员调配，对接宣传事务，推进宣传工作。

技术组安排分管档案汇总工作 1 人，主要负责每日工作日志、数据汇总表的信息提取、汇总整理，电子和纸质档案的管理归纳，负责督促、提醒和收取各乡镇/街道派驻技术组组长上报材料。

2. 管理考核机制

（1）认真做好对接机制和每日上报汇总情况

各乡镇/街道派驻组长负责安排本辖区派驻技术人员的每日工作，与分管各乡镇/街道技术指导、乡镇普查机构负责人、入户企业和单位进行对接协调，获取更新后的乡镇/街道清查底册，每日以工作日志的形式向区普查办技术组汇报工作进展，同时每日协助乡镇普查机构将审核后的清查汇总表和核实汇总表上报至区普查办，现场清查入户遇到问题及时反馈，沟通解决。

（2）强化人员和乡镇/街道考核力度和优劣通报制度

严格按照区普查办发布的《关于进一步加强清查阶段工作成效的通知》中的有关考核要求，对于清查各项工作和考核指标达到评估标准的派驻组予以表扬；对考核指标未达到评估标准或评估结果为"差"的，要按整改要求限期整改；逾期未能完成整改或清查任务的，将视情况予以通报批评。

（3）加强清查技术指导和各乡镇/街道分类应对措施

加强清查技术指导与各派驻组之间的沟通协调，及时获取各乡镇/街道清查工作进展情况，率先完成的乡镇/街道协调支援落后乡镇/街道或清查源较多、工作量较大的乡镇/街道，按乡镇/街道清查源类型和特征做好技术组协调调度和应对措施，保障整体清查工作按期、保质、保量完成。

5.1.3　全区各类源清查工作具体部署

1. 工业企业源清查

工业企业清查工作整体安排如表 5-2 所示。要求各乡镇/街道派驻组长在计划完成日期前向技术指导和公共邮箱提供工业企业清查汇总表、核实汇总表和工业企业更新后的基表。如预计无法按期完成的，应提前 2 个工作日上报技术指导和技术组长，统一组织协调，集中力量制订突击工作计划，保障顺利完成。

表 5-2　工业企业清查进度安排

乡镇/街道	派驻组人数	计划完成日期				负责人
		5/15	5/18	5/23	5/25	
北苑街道	2			■		
漷县镇	2				■	
潞城镇	3				■	
马驹桥镇	3				■	
台湖镇	2				■	
宋庄镇	4				■	
新华街道	2			■		
西集镇	2			■		
于家务乡	2			■		
永乐店镇	2			■		
玉桥街道	2		■			
永顺镇	2			■		
中仓街道	2		■			
张家湾镇	3				■	
梨园镇	2			■		
合计	35					

2. 畜禽养殖企业清查

畜禽养殖企业清查工作整体安排如表 5-3 所示。畜禽养殖企业清查工作要求：（1）所有外售类畜禽养殖场/散户都要清查；（2）以下企业类型填写清查表：猪（不小于 500 头）、奶牛（不小于 100 头）、肉牛（不小于 50 头）、蛋鸡（不小于 2 000 羽）、肉鸡（不小于 10 000 羽）；（3）以下类型填写清查核实表：达不到上述规模的五种养殖类型企业、除上述五种养殖类型以外的其他养殖和水产企业，均在备注中标明养殖类型、头/羽/尾数量。要求各乡镇/街道派驻组长在计划完成日期前向技术指导和公共邮箱提供畜禽养殖企业清查汇总表、核实汇总表和畜禽养殖企业更新后的基表。如预计无法按期完成的，应提前 2 个工作日上报技术指导和技术组长，统一组织协调，集中力量制订突击工作计划，保障顺利完成。

表 5-3　畜禽养殖企业清查进度安排

乡镇/街道	派驻组人数	计划完成日期				负责人
		5/15	5/18	5/23	5/25	
北苑街道	2	不涉及	不涉及	不涉及	不涉及	
潞县镇	2				■	
潞城镇	3				■	
马驹桥镇	3			■		
台湖镇	2			■		
宋庄镇	4			■		
新华街道	2			■		
西集镇	2				■	
于家务乡	2				■	
永乐店镇	2				■	
玉桥街道	2		■			
永顺镇	2		■			
中仓街道	2	不涉及	不涉及	不涉及	不涉及	
张家湾镇	3				■	
梨园镇	2			■		
合计	35					

3. 集中污染治理设施清查

集中污染治理设施清查工作整体安排如表 5-4 所示。要求各乡镇/街道派驻组长在计划完成日期前向技术指导和公共邮箱提供集中式污染治理设施清查汇总表、核实汇总表和工业企业更新后的基表。如预计无法按期完成的，应提前 2 个工作日上报技术指导和技术组长，统一组织协调，集中力量制订突击工作计划，保障顺利完成。

表 5-4　集中污染治理设施清查进度安排

乡镇/街道	派驻组人数	计划完成日期				负责人
		5/15	5/18	5/23	5/25	
北苑街道	2	不涉及	不涉及	不涉及	不涉及	
潞县镇	2		■			
潞城镇	3		■			
马驹桥镇	3		■			
台湖镇	2		■			

续表

乡镇	派驻组人数	计划完成日期				负责人
		5/15	5/18	5/23	5/25	
宋庄镇	4			■		
新华街道	2	不涉及	不涉及	不涉及	不涉及	
西集镇	2		■			
于家务乡	2	■				
永乐店镇	2		■			
玉桥街道	2	不涉及	不涉及	不涉及	不涉及	
永顺镇	2	不涉及	不涉及	不涉及	不涉及	
中仓街道	2	不涉及	不涉及	不涉及	不涉及	
张家湾镇	3		■			
梨园镇	2	■				
合计	35					

5.1.4 存在的问题及应对措施

基于现有乡镇/街道开展清查工作的相关问题,主要体现在以下几个方面,后续清查和普查工作亟须注意:

(1)依靠村级兼职清查员,难以保障质控要求

部分乡镇/街道安排参与培训的村级清查员为兼职,对清查工作和清查表内容不熟悉,技术内容理解困难,培训效果不佳,单纯依靠村级普查员初次填写上报的清查表存在较多问题,后期几乎全部依靠技术人员入户清查,导致进度滞后,或存在"企业不配合—村一级协调—乡镇/街道协调—入户/上报"这样的掣肘现象。

解决方案:①全面推进,确保质量,能快则快;②梳理问题,集中力量,逐个攻破;③针对滞后,及时沟通,补充力量。

(2)部分乡镇/街道自行开展清查任务,削弱质控效果

部分乡镇/街道完全自行开展入户清查工作,不经技术组审核直接上报区普查办,技术组质控和审核的功能被忽视,区级质控要求不能完全满足,对上报的清查表的审核无法按照计划逐日进行,对上报的汇总表达不到层级审核的效果。

解决方案:清查技术指导员主动联系,认真解释;区普查办加强沟通,确保机制畅通和提升清查效果。

(3)前期普查宣传尚未全面铺开

由于清查初期阶段宣传和信息传导尚未完全跟上清查的步伐,存在清查信息未及时普

及到公众，居民或企业不理解普查和清查工作及目的，减弱了保障清查顺利入户的效果。

解决方案：后期加大宣传力度，为普查员配备"致被普查对象的一封信"和"入户承诺书"，提供小礼品，通过微信和微博公众号及时发布新闻消息和推送，保障后期清查和普查工作的顺利推进。

5.2 入户清查工作手册（以宋庄镇为例）

为实现"摸清污染家底、改善环境质量"的污染源普查工作目标。在普查初期尽早形成"部门分工协作、村镇分级负责、各方共同参与"的高效普查工作机制。根据当前工作需要，分乡镇/街道编制《北京市通州区第二次全国污染源普查清查工作手册》，为下一步有序、快速、高质量地完成各乡镇/街道的污染源清查工作提供高效的技术工具和操作指南。

5.2.1 当前阶段清查工作目标

（1）完成对清单进一步划分到单个普查小区的工作。在区普查办前期工作的基础上，各乡镇普查机构负责人领走现有的普查清查底册（已经将国家清单和区普查办补充清单划分到各个乡镇或街道），各乡镇/街道自行组织人力（村组织负责人和普查工作人员、乡镇/街道负责人、乡镇/街道普查机构负责人及工作人员）将本乡镇/街道将按行业类型划分的清查基表进一步划分到各个街道或行政村（划分到每个普查小区）。要求各乡镇/街道培训工作结束2日后由乡镇普查机构将拆分至普查小区的清查底册提交到区普查办。

（2）各普查小区逐个完成辖区内清单动态更新和校核工作。在北京市"腾退落后产能"和清退"小散乱污"企业大的背景下，每个居委会或行政村都有可能存在名录中保留但实际上已经关停且尚未注销的企业。为进一步核实企业名录动态，缩减入户工作量，减少第三方清查费用，要求对辖区内企业动态信息进行梳理，筛选确定已关闭、已拆除企业或非制造业企业（生产活动不在本辖区的企业）。筛选和更新后的清查底册在本乡镇/街道清查工作完成后（生活源锅炉2018年5月12日前，其他污染源5月25日前）提交给区普查办。

（3）逐个乡镇/街道开展培训并协同圆满完成清查工作。各乡镇/街道负责人组织本辖区内各普查小区（村组织人员）完成清查填报、校核和上报工作。填报工业企业和生产活动单位、规模化畜禽养殖场、生活源锅炉、集中式污染治理设施、入河（海）排污口五类污染源的清查基表和汇总表，按时完成清查任务，为全面实施普查做准备。

5.2.2　清查阶段的主要工作内容

1. 建立划分到单个普查小区的清查基表库

乡镇普查机构拿到本乡镇/街道的名录库数据后，首先按照数据库中的详细地址信息，结合乡镇普查机构负责人、工作人员、村清查工作人员等了解乡镇/街道、各村企业情况的人员所提供的相关信息，在数据库的"村名"一栏中填写每个污染源所在村的名称，然后将本乡镇/街道数据分解到各个村。下发数据格式要求与乡镇/街道清查基表格式一致。分解到普查小区的清查基表库要求各乡镇/街道于培训会召开后2日内通过公共邮箱或QQ群返回给区普查办。

2. 清查校核

清查校核工作包括乡镇普查机构负责人、工作人员、村清查工作人员、技术指导等对各村清查基表中的信息逐条核对，在开展村入户清查之前应完成此项工作。对于确定纳入清查范围的，要填写清查表；对于不纳入清查范围的，要填写核实表；对于基表中缺失的污染源进行补充增加，对于实际存在而且正确的污染源信息进行确认，对于信息偏差的污染源信息进行修改或者删除。

对于增加、修改、确认的污染源（纳入清查范围），填写清查表和清查汇总表；对于删除的污染源（不纳入清查范围），填写清查核实表和清查核实汇总表，提供证明材料（照片、证明文件等确认文件），具体流程及处理方式见图5-2基表分解图。

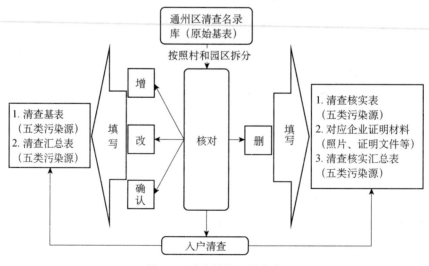

图 5-2　清查校核工作内容

清查核实表及其汇总表与清查表内容相同，需在清查表后增加备注不纳入普查范围的原因（如关闭、搬迁、取缔、退出等），并需要提供对应的证明材料，可以是照片、证明文件等，报乡镇留存。

要求乡镇/街道负责人、乡镇普查机构负责人、村组织负责人和村里参加普查的工作人员应召开专门会议，逐条核实和确认普查清单信息。对于确定存在且信息正确、存在且信息需完善或修改、存在但不纳入清查范围、不存在或错误、其他需要增补的清查信息内容等，进行逐条确认。

要求村一级将确认后的清查清单加盖村组织公章后（电子版清单同时）报送乡镇普查机构；要求各乡镇/街道将汇总确认后的清查清单加盖乡镇/街道人民政府的公章后（电子版清单同时）报送区普查办。区普查办接收并校核无误后存档保存。筛选和更新后的清查底册在本乡镇/街道清查工作完成前（生活源锅炉5月12日前，其他污染源5月25日前）提交给区普查办。

3. 入户清查

（1）工作流程：清查工作原则上要求入户清查。村清查负责人与乡镇普查机构共同确定好村级清查基表后，由村清查负责人负责将村清查人员分组，按照组别开展入户清查工作。入户清查工作由熟悉情况的村清查人员分组开展。入户过程中，要求两人一组，一人填表，一人询问、初审、拍照。根据清查表内容，收集污染源排放单位基本信息和污染源基本情况。各村/普查小区开展清查工作的人员名单要求各乡镇/街道于培训会召开后2日内通过公共邮箱或QQ群返给区普查办。

（2）清查表要求：村级清查人员按照要求填写五类污染源清查表，每天清查工作结束后将纸质版清查表交给村级清查负责人，村级负责人按照时间节点要求进行基表审核和汇总登记工作。同时纸质版妥善保存，以备乡镇普查机构抽查核查，每周连同交底记录表上交给乡镇普查机构。

（3）清查核实表要求：村级清查人员按照要求填写五类清查核实表，清查核实表中具体企业经营信息、锅炉运行情况等可以不填，在备注栏中注明核实状态，即"关停、搬迁、退出、淘汰"等。村级清查人员要进行现场核实，通过拍照、提供证明材料等方式佐证。每天清查工作结束后将纸质版清查核实表交给村级清查负责人，村级负责人按照时间节点要求进行审核、录入、汇总。同时纸质版自行留存，以备乡镇普查机构抽查核查，清查总体工作结束后上交给乡镇普查机构。

入户阶段要求属地网格员带路，早期入户清查人员应由专业技术人员提供指导，并由专业技术人员进行现场校核，严格注意入户清查的方式、方法和技巧，高质量填报反馈数据信息。

4. 质量核查

村清查人员开展入户清查工作时，两人一组，确保填表准确。

村清查组负责人对清查人员提交的清查表和清查核实表进行初步审核，有问题返回修改，无误则汇总上报至乡镇普查机构。

乡镇普查机构对各村提交的清查汇总表和清查核实汇总表进行复审，有问题返回修改，无误则汇总上报至乡镇普查机构。

质量核查内容主要包括：

（1）内容审查：信息填报是否有误，包括组织机构代码、普查小区代码、企业名称、地址等基本信息；

（2）交叉审查：清查表与清查核实表核对，两表与清查基表核对，确保不重、不漏；

（3）形式审查：上报数据格式正确、表头内容无误。

5. 数据上报

当日清查工作结束后，村清查人员将本组人员负责的清查表及清查核实表（纸质）上交村清查工作负责人。

村清查工作负责人每日审核上一日递交上来的清查表和核实表，确认无误后填写清查汇总表和清查核实汇总表。在当日下午 4：00 前发送至乡镇普查机构。

乡镇普查机构每日审核上一日各村提交上来的清查汇总表和清查核实汇总表，确认无误后将各村数据汇总，检查格式无误，在当日下午 5：00 前发送至区普查办公共邮箱。

不纳入普查范围的企业需同时上报证明材料，需提供现场照片的，由村清查人员现场采集；需要提供集中证明文件的，由村清查负责人与乡镇普查机构联系，协调提供。

6. 建议必须纳入核查的普查小区

以普查小区为单位，按照 5%～10%的普查小区比例抽查，即共需抽查 3～5 个村，其中建议包括小堡村和富豪村（原有工业企业数量较多），具体抽查村根据乡镇/街道实际清查情况确定。

5.2.3　成果提交

表 5-5　清查成果提交要求

提交机构	成果名称	成果形式	提交时间
村清查人员	《第二次全国污染源普查工业企业和产业活动单位清查表》 《第二次全国污染源普查规模化畜禽养殖场清查表》 《第二次全国污染源普查集中式污染治理设施清查表》 《第二次全国污染源普查生活源锅炉清查表》 《第二次全国污染源普查入河（海）排污口清查表》 对应五类核实表	纸质版	下午5：00
村清查负责人	《第二次全国污染源普查工业企业和产业活动单位清查汇总表》 《第二次全国污染源普查规模化畜禽养殖场清查汇总表》 《第二次全国污染源普查集中式污染治理设施清查汇总表》 《第二次全国污染源普查生活源锅炉清查汇总表》 《第二次全国污染源普查入河（海）排污口清查汇总表》 对应五类核实汇总表	电子版	下午4：00
乡镇/街道清查机构			下午5：00

5.2.4　组织实施

1. 管理机制

本次清查工作采取区统一部署，乡镇/街道组织协调，村委会具体实施的工作机制。各级机构密切配合，积极沟通，确保高质量、高效率地完成本次清查工作。

● 区普查办组织开展清查工作技术培训，下发各乡镇/街道清查名录库，配备专业的技术指导队伍，分组下到乡镇/街道进行清查技术指导；

● 乡镇普查机构负责划分辖区内各村的清查名录库，召集村清查工作人员开展清

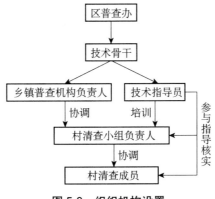

图 5-3　组织机构设置

查技术培训，负责对本辖区内各村上报的清查表进行汇总审核，定时上报到区普查办；

● 各村参与清查人员负责核实本村清查名录库，开展入户清查，纳入普查范围的填写本村污染源清查表，不纳入普查范围的填写本村污染源核实表，将结果汇总后按时上报到乡镇普查机构。

2. 任务分解

表 5-6　各类成员主要职责任务

序号	组成方式		任务与要求/主要职责
	机构	人员	
1	区普查办	负责人及综合组	总体协调、部署、审核、监督
2	技术指导组	技术骨干	（1）对技术组、乡镇/街道负责人开展技术指导和培训； （2）驻扎区普查办，对上报数据汇总核查； （3）建立对应乡镇/街道清查工作通信录、微信群，沟通协调
		小组成员	（1）针对各自负责乡镇/街道，组织乡镇普查机构针对各村清查工作人员，进行清查工作的详细培训、问题解答； （2）配合技术指导组技术骨干，完成两级培训工作
3	乡镇普查机构	负责人	（1）参与区普查办组织的培训； （2）联系落实本乡镇/街道各个村的清查人员，将本乡镇/街道负责清单数据按照村级进行分类，并将按照村级分类名单下发到各村； （3）组织召开本乡镇/街道内部培训会； （4）与区普查办衔接，审核各村上报数据，汇总上报至区普查办
4	村级入户清查组	负责人	（1）针对本村清查名单，进行清查工作分组安排； （2）对清查数据进行审核汇总，及时纠正不规范的填报现象； （3）将汇总清查数据及时上报给乡镇普查机构
		小组成员	开展入户清查，两人一组按照清查名单进行逐一清查，按照时间要求上报清查结果

3. 责任分工

表 5-7　各项清查工作内容责任分工

序号	工作内容	负责人	责任人	提交成果	提交时限
1	清查底册拆分	乡镇普查机构、普查小区负责人	乡镇普查机构、普查小区清查工作人员	拆分到普查小区的清查底册	各乡镇/街道培训结束后 2 个工作日内
2	清查底册核定	乡镇普查机构、技术指导派驻组组长、普查小区负责人	全部参与底册核定工作人员	核定、筛选、更新后的清查底册（以乡镇/街道为单位）	生活源锅炉 5 月 12 日前；其他源 5 月 25 日前

续表

序号	工作内容	负责人	责任人	提交成果	提交时限
3	乡镇/街道培训	乡镇普查机构、技术指导组组长	乡镇普查机构成员、技术指导组组员	培训工作日志	培训开展当日
4	入户指导	技术指导派驻组组长	派驻组组员	每日工作日志	每日
5	入户清查	各普查小区清查负责人	各普查小区清查人员	清查基表、汇总表；清查核实基表、汇总表	每日下午4:00前上报前一工作日工作
6	表格审核	乡镇普查机构、技术指导派驻组组长	派驻组组员	每日工作日志	每日
7	校核5%~10%	乡镇普查机构、技术指导派驻组组长	派驻组组员	审核表	生活源锅炉5月12日前；其他源5月25日前
8	上报备案	乡镇普查机构、技术指导派驻组组长	乡镇普查机构成员、派驻组组员	全部清查基表、交底登记表、证明材料盖章件、照片等	生活源锅炉5月13日前；其他源5月26日前

4. 沟通机制

各村委会、乡镇/街道可通过如下方式与技术指导组、区普查办取得联系和沟通。

（1）派驻组：清查阶段，每个乡镇/街道会进驻2~3个技术派驻组成员，负责协助乡镇/街道进行清查工作、技术培训，跟踪重点普查小区的清查工作，开展清查核查与抽查工作。

（2）技术指导组：每两个乡镇/街道（除张家湾外）有一个分管技术指导组及组长，负责该乡镇/街道的技术培训、支持、审核等工作。

（3）区普查办：乡镇/街道负责人可通过培训会发布的QQ群，获取相关技术支持文件、资料等，也可反馈清查过程中的问题和意见，区普查办小组成员均要在QQ群中。

5. 反馈机制

本着公开透明、确保清查工作质量的原则，各乡镇普查机构、各村清查人员如发现技术指导组、派驻组个别工作人员业务不熟练、技术不精通、态度不认真、出勤不全等问题，建议直接向该技术指导组组长和区普查指导组反馈。

区普查办对技术指导组有监督考核机制，对于乡镇/街道反馈的任何问题，技术指导员的工作表现都会纳入考核范畴内。经核实确实存在突出问题的技术人员须立即从派驻组中撤出，重新参加培训及考核，不合格者退出技术指导队伍。

5.2.5 进度安排

表 5-8　重要时间节点

时间节点	完成任务	责任主体
2018 年 4 月 25 日	建立村级清查名录库	乡镇普查机构、技术指导人员
2018 年 4 月 26—28 日	完成乡镇/街道内部填表培训	乡镇普查机构、技术指导人员
2018 年 5 月 12 日前	完成生活源锅炉清查	村级清查小组成员
2018 年 5 月 25 日前	完成其他源清查	村级清查小组成员
清查期间 每天 16：00 点前	上报前一工作日清查汇总表	村清查小组负责人
清查期间 每天 17：00 点前	上报前一工作日清查汇总表	乡镇普查机构、技术指导人员

5.2.6　锅炉清查专项说明

1. 时限要求

此次普查工作将锅炉清查跟普查入户调查合并，要求 5 月 12 日前上报各乡镇/街道清查结果。要求各乡镇/街道优先开展生活源锅炉清查工作。

2. 清查范围识别

清查范围依据以下原则进行识别。

不纳入清查范围的包括以下 5 类：

（1）2017 年淘汰使用的锅炉；

（2）电锅炉；

（3）工业污染源、规模以上畜禽养殖场、集中式污染治理设施普查范围的生产经营场所中供生产和生活使用的锅炉；

（4）热力生产与供应企业，对外经营业务的锅炉；

（5）2017 年内"煤改电"的锅炉。

2017 年存续且包括以下情况的纳入清查范围：

（1）正常使用的锅炉；

（2）没有标定额定出力的土锅炉、型煤锅炉或者铭牌不清的锅炉；

（3）存续、改造，但未使用的锅炉；

（4）热力生产与供应企业中，不对外经营业务的锅炉；

（5）2017 年内"煤改气"的按照改造后的情况填报。

3. 责任主体落实

对于涉及多个责任主体的锅炉按照以下要求进行填报：

（1）多个单位共同使用，由锅炉产权拥有者或实际运营单位填报；

（2）产权单位和使用单位分离，由 2017 年度实际使用单位填报，注明产权单位；

（3）实际使用单位发生变更，由锅炉产权单位负责联系变更前单位获取数据。

"填报主体"判断原则：2017 年谁用谁填，即掌握锅炉 2017 年使用情况的单位为填报主体。

4. 其他注意事项

（1）按照填写说明填写，不是所有内容都是必填项；

（2）其他各项内容原则上需要根据实际填写，锅炉用途、燃料类型等各项必须按照实际情况填写；

（3）通过清查工作群，为大家共享填报参考资料，如表 5-9 所示；

（4）各类信息填写时，注意填写单位。

表 5-9 共享的参考资料清单

序号	参考资料
A	《统计用区划代码》
B	《国民经济行业分类》（GB/T 4754—2017）
C	换算公式
D	普查对象筛选参考值
E	能源情况硫分、灰分等参考值

5.2.7 关于强化养殖业清查工作的专项说明

1. 范围补充

在全国畜禽养殖清查和普查范围的基础上，将通州区全部经营性、外售性、非自食类的各类畜禽水产养殖企业均纳入普查清查范围内。

（1）已包含在清查底册中的畜禽养殖企业和养殖大户；

（2）未包含在清查底册中的，要求以普查小区（各村）为单位组织开展调查。

2. 清查要求

（1）各类畜禽养殖企业和养殖大户均需进行入户清查，要求现场取证拍照；

（2）要求现场核实数量规模，按照清查表或清查核实表中的各项内容详细填写。

3. 填表要求

（1）填写清查表的养殖企业范围：国家规定的五类规模以上畜禽养殖场（生猪、奶牛、肉牛、蛋鸡、肉鸡）；

（2）填写清查核实表的养殖企业范围：水产养殖、除上述五类养殖场以外的全部养殖企业（梅花鹿、鸟类等）、经营外售类的全部养殖大户和养殖散户。

5.2.8 常见问题解答

1. 清查建库

清查名录库里不在本普查小区的单位怎么办？

答：请社区或村负责人核对属于自己辖区的清查单位，剩下的应由技术组成员汇总返回至区普查办，由区普查办再进行乡镇/街道之间调配。

2. 畜禽养殖

（1）畜禽养殖业中，鸭、羊等归类和换算问题。

答：第二次全国污染源普查国家层面只进行猪、奶牛、肉牛、蛋鸡和肉鸡五类畜禽的调查工作。根据《第二次全国污染源普查方案》，"各省份可根据需求适当增加普查附表"，如果地方政府认为有必要把其他畜禽品种纳入调查，可自行增加调查品种，报国务院第二次全国污染源普查领导小组办公室批准后实施。

通州区清查阶段要求将其他畜禽养殖种类（所有外售类）也纳入清查范围，填写"清查核实表"，备注中详细注明养殖类别。

（2）规模以下畜禽养殖企业纳入清查范围的问题。

答：对于清查名录库中没有的养殖大户或根据清查规定属于规模以下畜禽养殖企业，应由村一级清查人员（或有技术组人员陪同）入户实地清查，按照填报要求详细填写清查表和清查核实表，确保填报量与实际养殖规模一致。

（3）畜禽养殖场地址填写问题。

答：如果畜禽养殖场无门牌号，养殖场场址填写内容可以为其所在村庄，然后以村委会为参照，以"村委会+方位+距离"的方式填写，如"××村村委会西侧约 800 米处"，如确实无法确定具体位置，要标村、组等小地名，以让普查人员能够根据所填信息找到养殖场为标准。

（4）关于种畜禽场清查和普查相关问题。

答：随着产业化发展，仅进行种畜禽养殖的养殖场数量会越来越多，这部分须纳入清查范围，注明为单独种畜禽养殖场。根据地方环境管理需要，可以纳入普查范围，具体可以以母猪存栏量进行统计。产污量、排污量应根据后续单独确定的产排污系数进行核算。具体入户标准由地方自己确定，国家在计算区域总量时不考虑这部分量。

（5）畜禽养殖场是收集附近散户的出栏生猪进行短时间暂养再出栏，造成该养殖场出栏量很大，但实际规模很小，养殖时间短，是否纳入清查及入户调查？

答：生猪集中短时间暂养的情况全国不多见，如只是暂时中转的流通环节，不作为规模化畜禽养殖场普查对象。如果是普遍现象，则需要纳入清查和入户调查，具体意见需安排相关专家现场调研后再予以确定。

通州区对于此类托管养殖、随时宰杀、出栏量不定的现象，经讨论可以按照平均养殖时间确定出栏量，如养殖 6 个月以上的纳入出栏量计算，3～6 个月的按照一半出栏量计算，小于 3 个月的不计入。

（6）规模以下的畜禽养殖场如何界定为农业源普查对象，国家如何规定？

答：根据《国务院办公厅关于印发第二次全国污染源普查方案的通知》（国办发〔2017〕82 号），农业污染源普查范围包括种植业、畜禽养殖业和水产养殖业。关于生产活动基础数据的获取方式，规模化畜禽养殖场采用入户调查方式获取，规模以下畜禽养殖场、种植业和水产养殖业采用县级调查表方式进行。

通州区对于此类问题，要求填写"清查核实表"。

（7）清查技术规定中"未提及种植业和水产养殖业"，国家普查办又无相关技术规定，或者在相关技术规定出台前，针对试点城市就种植业源、水产养殖业源清查普查要做哪些前期准备工作，及名录中具体需要收集哪些基础信息？

答：根据《关于印发〈第二次全国污染源普查清查技术规定〉的通知》（国污普〔2018〕3 号），在农业污染源方面，第二次全国污染源普查清查工作的目的在于清查规模化畜禽养殖场的基本信息，建立第二次全国污染源普查基本单位名录，为全面实施普查做好准备。农业污染源中的非规模化畜禽养殖场、种植业和水产养殖业不进行逐一入户调查，所以清查工作不涉及该部分工作内容。

通州区要求将水产养殖、非规模化畜禽养殖同样纳入清查范围，填写"清查核实表"。

3. 工业企业

清查表行业类别填写到第几位？

答：工业活动与在产企业污染源要按照 2017 版国民经济行业代码填写到 4 位。工业企业涉及到的国民经济行业类别包括 B、C、D 三大类。

4. 生活源锅炉

（1）有些锅炉铭牌上写的额定功率的范围，怎么填？

答：建议按照最大额定功率填写。

（2）锅炉使用单位没有统一社会信用代码，产权单位有，代码填写哪个？

答：要在锅炉清单上填写产权单位，同时代码按照锅炉清查表编制说明进行统一编码。

（3）遇到锅炉单位不容易进入的怎么办？

答：遇到不容易进入的锅炉单位，如法院、军队等，联系技术组长、区普查办，再协调进入。

5. 其他

（1）是否可以通过提前电话通知、提前发表，再在收表时逐项核对，以提高清查效率？

答：可以，但一定要在收表时逐一询问、核对相关信息，开展现场核实、照相取证，核定相关内容，严格完成全部清查流程。

（2）清查表及核实表要求盖章，手续太烦琐，是否一定要盖？

答：清查汇总表和清查核实汇总表，要求各级村委会、乡镇/街道盖章，核实表证明材料可以由乡镇/街道统一出具一册"退出、关闭、搬迁"的企业名录册，封皮统一盖章，同时提供电子版材料，如照片、证明等。

（3）关于坐标采集系统的使用。

答：清查阶段有条件使用坐标采集 App 的小组建议使用国家统一发布的坐标采集 App，无条件使用该 App 的建议手机自行定位记录，将采集的坐标记录在清查表和清查核实表空白处。入河排污口必须进行坐标记录，其余普查类型不做强制要求。

附件 1

通州区宋庄镇普查小区代码

宋庄镇（110112104000）

社区/村	普查小区代码
宋庄村委会	110112104201
高各庄村委会	110112104202
翟里村委会	110112104203
北寺庄村委会	110112104204
小杨各庄村委会	110112104205
白庙村委会	110112104206
任庄村委会	110112104207
辛店村委会	110112104208
喇嘛庄村委会	110112104209
大兴庄村委会	110112104210
小堡村委会	110112104211
疃里村委会	110112104212
六合村委会	110112104213
后夏公庄村委会	110112104214
前夏公庄村委会	110112104215
邢各庄村委会	110112104216
丁各庄村委会	110112104217
高辛庄村委会	110112104218
菜园村委会	110112104219
小邓各庄村委会	110112104220
大邓各庄村委会	110112104221
师姑庄村委会	110112104222
北刘各庄村委会	110112104223
摇不动村委会	110112104224
关辛庄村委会	110112104225
西赵村委会	110112104226
港北村委会	110112104227
南马庄村委会	110112104228
郝各庄村委会	110112104229
徐辛庄村委会	110112104230
管头村委会	110112104231

续表

社区/村	普查小区代码
吴各庄村委会	110112104232
葛渠村委会	110112104233
寨辛庄村委会	110112104234
寨里村委会	110112104235
北窑上村委会	110112104236
王辛庄村委会	110112104237
岗子村委会	110112104238
内军庄村委会	110112104239
平家疃村委会	110112104240
小营村委会	110112104241
草寺村委会	110112104242
尹各庄村委会	110112104243
富豪村委会	110112104244
大庞村村委会	110112104245
双埠头村委会	110112104246
沟渠庄村委会	110112104247

附件 2

普查小区分布图

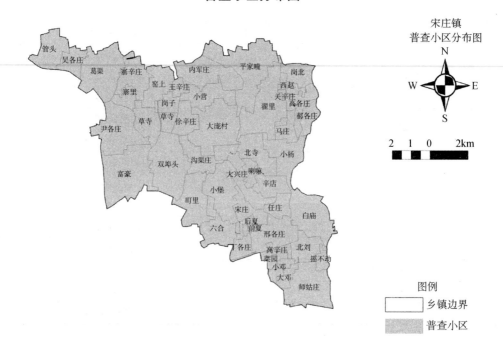

附件3

宋庄镇地区技术培训联系人

姓名	性别	专业	职称	联系电话	职责	培训组	派驻组
					组长		
					组员		
					组员	第×组	第×组
					组员		
					组员		
					技术指导		

附件4

宋庄镇地区办事处联系人员

联系人：　　　　　　　　联系电话：

附件5

技术组工作日志上报流程及模板

1　培训组工作日志上报方式及模板

培训组工作日志由技术指导/联络员每日完成相应培训后以邮件形式上报给技术组组长，技术指导/联络员因故不能参会的，由其联系技术组组长完成相关工作。模板如下：

2018年×月×日通州区第二次全国污染源普查清查培训会（××乡镇/街道）工作日志

一、地点：
二、时间：
三、参会人员：
四、技术指导组成员：
　　清查期间派驻组成员：（备注组长）
　　街道/乡镇清查工作负责人：
　　街道/乡镇清查员：（可附名单或签到单）
五、培训会工作要点：
六、问题讨论：
七、培训会现场照片（至少5张）：
八、会议签到单：

××乡镇/街道第二次全国污染源普查清查培训会签到单			
序号	姓名	单位	联系方式

2. 派驻组工作日志上报方式及模板

派驻组工作日志由该组组长每日完成，于当日下午 6：00 前上报给其所属技术培训组组长，技术培训组组长负责汇总并审核后于当日晚 8：00 前上报给技术组联络人，由联络人汇总并审核后发送给技术组组长，技术组组长汇总并审核后统一发送给区普查办相关负责人。

通州区第二次全国污染源普查清查工作日志
2018 年×月×日，××乡镇/街道

一、工作地点（乡镇/街道办公室或具体哪个普查小区）：
二、工作时间：
三、工作人员：
　　派驻组成员：（备注组长）
　　乡镇/街道清查工作负责人：
　　普查小区清查员：（可附名单或签到单）
四、工作要点：
　　主要工作内容：清查污染源内容、数量、位置、情况，填写清查表/核实表张数，核实表证明材料情况等。
五、问题讨论：
　　现场遇到的问题、村清查人员或普查对象提出的相关问题及解决情况、需要区普查办核定的问题、实际工作中更好的操作方式和建议等。
六、清查现场照片：
　　每个污染源按照存证规定附上全部照片，如数据太大，可以单独附一个压缩包，要求照片注明污染源编号和照片内容。
　　照片压缩包命名规则：普查小区代码-日期.zip（或.rar）。
　　一个污染源类型单独一个文件夹，文件夹命名规则：污染源类型（工业企业/畜禽养殖/生活源锅炉/集中设施/排污口）。
　　照片命名规则：单位名称（全称）-照片描述-日期.jpg（或.png）。
　　清查核实表对应的证明材料，不需要每天附在工作日志后发送，但应由派驻组组长妥善保存，以备核查。证明材料以每日文件夹形式保存（命名格式：证明材料-普查小区代码-日期），其中照片命名格式为：单位名称（全称）-照片描述-日期，其他证明材料命名参照以上。
七、清查表/核实表汇总表：
　　以 Excel 电子版形式附在 Word 文档后上报。

附件 6

清查汇总表和清查核实汇总表模板

每日上报电子版清查汇总表和清查核实汇总表。

清查工作结束后，全部汇总表以乡镇/街道为单位打印成册，封面盖章。

5.3 加强清查阶段工作成效

为了系统、高效、有序地推进通州区第二次全国污染源普查清查阶段的工作，高质量完成清查工作，保障人力投入落实到位、发挥实效、各方衔接通畅，确保清查数据真实，现对清查过程中技术人员团队工作具体要求和相关纪律规定做进一步说明，以加强和明确清查工作团队任务要求和整体部署，有效提高清查工作绩效，从以下6个方面提出加强清查工作成效的相关要求。

1. 确保清查阶段工作质量的总体要求

要求各参加普查技术指导和校核的相关机构思想高度重视，严格内部纪律要求，加强内部责任落实，确保参与此项工作的人员业务熟练，出勤相对稳定，持续高效参与清查阶段的培训、指导、校核和相关讨论会、调度会，认真完成每日工作内容并总结经验，及时发现问题并积极提出解决方案措施。

2. 加强工作组织和工作纪律的具体说明

（1）清查工作和技术指导人员应熟练掌握清查工作方法。全部参与人员应充分透彻的理解清查工作技术规定和要求，同时要充分掌握各自负责乡镇/街道的清查工作量和相关情况，坚决杜绝工作人员（尤其派驻组成员）在不了解背景情况下入驻和开展工作（由此导致出现清查结果偏差或投诉情况，区普查办将严格追查到底）。

（2）区普查办核实参加培训的次数和前期工作质量，初步核实各单位参与清查工作的技术人员是否满足要求，并列出合格人员名单（根据后续新进人员的参与情况逐步增补）。严禁各单位派未进入合格人员名单的工作人员进驻乡镇或街道开展普查工作。要求新加入的人员最少参与过两次清查工作培训并通过区普查办组织的面试考核。

（3）各参与单位派出的清查阶段技术指导团队工作人员应保持相对固定。清查阶段工作的分工和人员配备应保持相对稳定的状态，所有参与人员应尽量做到可持续、不间断地开展工作。①若工作指导组成员发生变动，应及时报备区普查办相关人员，新加入的成员必须先期参与培训并完全熟悉掌握清查工作的所有内容。②若培训组与派驻组成员需要发生变动，应至少提前两天报备组长，由组长统计好人员信息（包括姓名、电话、参与前期培训工作次数）后上报工作指导组。经工作指导组批准（并核实已经做好工作交接）后方可进行人员更换。

（4）进一步明确清查工作的组织管理构架。普查清查工作将按照区普查办统一管理，分为清查工作指导组、进驻培训组与派驻协调组（含入户调查支持与质控）三个层级展开工作。普查清查工作在区普查办统一领导下，三级工作人员应充分落实其职责分工，尽心尽责完成其工作内容，保证清查阶段工作得到可靠、科学的结果。

3. 加强整体沟通反馈机制畅通

（1）建立工作日志反馈机制。为了统一掌握工作进展情况，及时总结并汇报工作动态，需要建立完善的沟通反馈机制。要求：①培训组与派驻组应每日 21：00 点前，由组长发送工作日志报工作指导组汇总。②工作指导组应每日 22：00 前发送工作日志报区普查办备案。

（2）及时召开总结例会。建立良好的沟通互动反馈机制，有效把控工作进展情况。加强各派驻组之间的工作交流，每周（或根据情况随时）召开清查工作调度会，交流工作进展，提出改进完善建议，要求每个派驻组至少有 1~2 人参加，并汇报一周工作进展。

（3）建立高效沟通渠道。清查技术人员在遇到问题与困难时应充分与合作人员进行沟通和询问，组长要充分发挥协调和组织能力，帮助解决解答相关的困难和问题，使得清查工作整体进展顺畅。在派驻组解决问题困难或存在疑惑时，可以随时拨打电话或通过其他联系方式与区普查办或清查工作指导组沟通。

表 5-10　团队反馈沟通相关活动时间安排

序号	内容	频率	相关要求	备注
1	每日工作日志	每日	● 工作指导组→区普查办报备（22：00 前发送）； ● 培训组与派驻组→工作指导组（21：00 点前，由组长发送）	邮件命名要求： （培训组与派驻组） 2018 年×月×日-乡镇工作日志
2	每周工作调度	每周	每个派驻组至少有 1~2 人（组长必须参加）参加，并汇报一周工作进展	每周工作总结和参会人员，提前一天上报工作指导组
3	实时沟通渠道	普查期间	● 报告遇到的特殊情况 ● 求解遇到的疑难问题 ● 紧急情况联络	业务支持联系电话： 业务支持微信群号： 业务支持 QQ 群号： 紧急情况汇报电话：

4. 建立定期考核与通报表扬制度

（1）为加强团队绩效管理，对进驻指导组实行定期考核制度。按照"优—良—差"三档，开展不同层级考核，并定期上报考核结果。每组组长每周对组员进行评价并上报工作指导组，工作指导组对各组组长进行考核评价（考核指标见表 5-11）。

表 5-11 团队成员考核评价指标体系

序号	考核目标	指标	分档					
1	组员	按时到岗开展工作	5	4	3	2	1	0
2		对技术规定了解深刻	5	4	3	2	1	0
3		按时参与培训工作	5	4	3	2	1	0
4		是否友善友好地对待被调查者	5	4	3	2	1	0
5		及时沟通反馈工作进展情况	5	4	3	2	1	0
6		服从组长工作安排	5	4	3	2	1	0
1	组长	按时到岗	5	4	3	2	1	0
2		是否按时汇总上报数据	5	4	3	2	1	0
3		对技术规定了解深刻	5	4	3	2	1	0
4		按时参与培训工作及培训效果	5	4	3	2	1	0
5		及时沟通反馈工作进展情况	5	4	3	2	1	0
6		积极参与并协调入户调查工作	5	4	3	2	1	0
7		按时提交当日工作日志	5	4	3	2	1	0
8		对组内成员的管理安排能力	5	4	3	2	1	0
9		如实对组内成员进行考核	5	4	3	2	1	0

- 组员得分分档：优（30～20）；良（19～10）；差（9～0）
- 组长得分分档：优（45～30）；良（29～15）；差（14～0）

（2）实行清查工作成效通报制度。为了加强团队成员的工作责任心，调动成员工作积极性，保证各组清查数据最大程度上的无误，针对考核结果，区普查办每周将对在清查工作中表现较差的组（含人员）进行通报，对各项工作任务完成良好的组和成员进行表扬。

5. 不定期现场抽查和检查

为了更好地及时发现和解决在现场进行清查工作时遇到的问题，同时可以有效地把控清查阶段工作质量，清查工作指导组成员应不定期的抽查和检查入户调查环节的现场工作。

6. 入户调查工作态度友好，营造普查工作正面形象

清查工作人员在工作开展前，应保持整洁、形象良好，穿戴从区普查办领取的服装、帽子、胸牌等。工作时应着明显的普查工作服或配饰，对污染源普查工作进行有效的正

面宣传。

在开展入户调查工作时，应向被调查人员充分说明工作人员的到访原因，向调查人员合理合法、耐心细心地询问获取相关信息，如遇到暂不能协调解决的现场环境，应向区普查办反馈相关情况，由区普查办出面协调解决。

现场工作人员决不能和被调查人员发生正面冲突（或不礼貌、没耐心的语言或行为），杜绝给普查工作带来负面社会影响。

5.4 数据录入及校核工作手册

根据国务院第二次全国污染源普查领导小组办公室、北京市第二次全国污染源普查领导小组办公室的要求，结合通州区当前清查工作的进展情况，为顺利完成清查基表、汇总表和校核表及证明材料的收集、校核和存档工作，基表统计、录入、校对工作，清查阶段成果的归档和管理工作（含纸质版和电子版），特制定本工作方案。

5.4.1 数据量和工作量基本情况

根据前期普查清查阶段数据清查和建库工作得到各类污染源各乡镇/街道分布数据。

畜禽养殖数据主要来源于市下发的数据和通州区统计数据，去掉重复数据获得最终数据量。统计结果表明畜禽养殖企业主要分布在漷县、潞城、西集、于家务、永乐店和张家湾等乡镇。

工业企业数据主要来源于市下发的数据和通州区统计数据，去掉重复数据获得最终数据量。分乡镇清查源数据统计结果表明，漷县、潞城、马驹桥、台湖、宋庄、西集和张家湾等乡镇工业企业数量较多。

其他如锅炉数据也主要由北京市数据和通州区数据查重校对后获得。集中式污水处理设施和固废/垃圾处理场所数据主要以通州区统计数据为主。

清查阶段需录入系统的最初总数据量约为 18 000 组，根据实际情况，基表中会分出清查、核实和无法填表需要开具证明等的情况，整体数据量会减少。

5.4.2 工作目标及进度要求

（1）完成每日数据录入、纸质材料接收并转交档案管理组；

（2）完成国家普查办要求的数据汇总质量核查工作；

（3）5月25日前完成生活源锅炉清查表的录入、校核、上报工作；

（4）6月10日前完成所有清查阶段数据统计报送的工作。

5.4.3　工作内容及组织实施

1. 主要工作内容

（1）清查校核：工作包括乡镇普查机构负责人、工作人员、村清查工作人员、技术指导人员等对各村清查基表中的信息逐条核对，在开展村入户清查之前应完成此项工作。对于确定纳入清查范围的，填写清查表；对于不纳入清查范围的，填写核实表；对于基表中缺失的污染源进行补充增加，对于实际存在而且正确的污染源信息进行确认，对于信息偏差的污染源信息进行修改或者删除。

对于增加、修改、确认的污染源（纳入清查范围的），填写清查表和清查汇总表；对于删除的污染源（不纳入清查范围的），填写清查核实表和清查核实汇总表，提供证明材料（照片、证明文件等确认文件）。

清查核实表及其汇总表与清查表内容相同，需在清查表后增加备注不纳入普查范围的原因（如关闭、搬迁、取缔、退出等），并需要提供对应的证明材料，可以是照片、证明文件等，报乡镇/街道留存。

（2）数据汇总及录入：对校核无误后的数据，尽快安排录入人员根据市普查办的要求使用规定软件进行录入，按照清查工作内容4.6节的要求和时间节点逐级汇总上报确保数据及时反馈，强化质量保障。

（3）数据上报：根据市普查办的要求，5月25日前完成生活源锅炉的数据上报，6月10日前完成所有清查数据的上报。

2. 组织实施

（1）管理机制：数据汇总、校核、录入、校对、上传、上报工作采取由区普查办统一部署，由数据录入校核组、驻派乡镇/街道技术人员及小组长具体实施的工作机制。各级机构密切配合，积极沟通，确保高质量、高效率地完成各项工作。

区普查办组织开展数据校核录入工作技术培训，配备专业的技术指导队伍，对接乡镇/街道驻派技术人员；数据录入校核组负责完成每日数据校核录入汇总上报工作；驻派乡镇/街道技术人员及小组长完成每日清查表格的收集及初次汇总校核工作。

（2）任务分解：

表 5-12　数据录入及校核任务分解

序号	组成方式		任务与要求
	机构	人员	主要职责
1	区普查办	负责人及综合组	总体协调、部署、审核、监督
2	数据录入校核组	组长	数据整体抽查校核、质控及上报
		技术骨干	完成每日数据汇总、基于乡镇/街道提交汇总及纸质版进行校核
		小组成员	完成每日数据录入
3	乡镇普查机构	乡镇/街道驻派技术人员	完成每日乡镇/街道数据收集、汇总、初次校核

（3）责任分工：

表 5-13　数据录入及校核责任分工

序号	工作内容	负责人	责任人	提交成果	提交时限
1	乡镇/街道数据收集汇总及初次校核	乡镇普查机构、普查小区负责人	乡镇普查机构、普查小区清查工作人员	每日清查数据	每天晚上 9：00 前提交当天工作日志和数据
2	数据录入及校核	数据录入校核组	数据录入校核组录入人员、校核人员、小组长	每日数据录入收集	每日下午 5：00 前上报前一日接收的数据及材料电子版
3	纸质材料对接归档	档案管理组	档案管理人员	每日材料汇总归档及上报	每日下午 5：00 前完成前一日材料归档
4	数据上报市普查办	数据录入校核组	校核人员、小组长	市普查办要求的数据	提前一日完成市普查办要求的数据并上报区环保局领导审阅

（4）关键时间节点安排：

5 月 18—20 日：人员及电脑到位；

5 月 21 日：软件使用培训；

5 月 22—23 日：集中录入生活源锅炉数据并校核；

5 月 24 日：数据提交区环保局领导审阅；

5 月 25 日：向市普查办提交生活源锅炉清查数据；

5 月 23 日—6 月 7 日：其他数据录入及校核；

6 月 8 日：数据上报区环保局领导审阅；

6 月 9 日：所有清查阶段数据上报市普查办。

5.4.4   人员配置和设备需求

1. 人员配备

根据具体任务量分解及时间节点控制，人员配置要求如表 5-14 所示。

表 5-14   数据录入及校核人员配备表

数据录入人员	数据校核人员	总人数
6～8 人［120 组/（人·天）］	2～3 人	8～11 人

备注：根据后期工作开展及数据上报情况，人员需求会有所增加，数据录入及校核组组长会提前和公司负责人沟通。

目前生活源锅炉数据录入分组情况如表 5-15 所示。

表 5-15   数据录入及校核乡镇/街道对应

录入组号	组长	划分乡镇/街道	校核人
录入 1 组		四个街道、宋庄镇、潞城镇、台湖镇、马驹桥镇	
录入 2 组		张家湾镇、永乐店镇、于家务乡、西集镇、永顺镇、梨园镇	

数据录入组人员联系方式如表 5-16 所示：

表 5-16   数据录入组人员及联系方式

组号	姓名	电话	职责
1. 录入 1 组			组长
			组员
			组员
2. 录入 2 组			组长
			组员
			组员
3. 校核组和资料接收组			组长
			组员
4. 终审组			组长
			组员
			组员

2. 人员调动要求

（1）提前 1 天告知本组组长，将替换人员姓名、电话、专业、到岗时间、替换时间段等信息上报数据录入组负责人，负责人做好人员调动记录；

（2）替换人员需与被替换人员做好工作交接，充分了解清查软件录入使用方式，了解数据录入工作质控要求和上报要求，确保质量；

（3）出现数据量大，现有人员不满足录入进度要求的情况时，数据录入及校核组小组组长应提前 1 天通知，并做好人员增加和协调的准备。

3. 设备需求

区普查办统一采购电脑未到位前，清查数据录入期间电脑自备。

电脑硬件要求：

- 操作系统：Windows 7 及以上的操作系统
- 内存：4 GB 内存及以上
- CPU：双核 CPU 及以上
- 硬盘：100 GB 以上可用空间
- 其他：无线网卡、关闭防火墙和相关杀毒软件

电脑数量要求：

保证数据录入校核组每人一台电脑。

5.4.5 质控管理及后勤保障

1. 质控管理

根据国家普查办《关于做好第二次全国污染源普查质量核查工作的通知》中对数据汇总的要求，重点核查普查数据汇总过程中是否存在普查对象遗漏的情形，并形成数据汇总工作报告。

通过查阅比对污染源普查入户调查对象名录、普查表，对核查区域的数据汇总质量进行核查，分别计算核查区域内工业污染源、农业污染源、生活污染源、集中式污染治理设施普查数据汇总的"遗漏率"，填写第二次全国污染源普查数据汇总质量核查结果统计表并形成报告。

$$遗漏率 = \frac{应汇总普查对象数量 - 实际汇总普查对象数量}{应汇总普查对象数量} \times 100\%$$

采用三级审查机制：

数据录入组自检—校核员抽查检查—负责人抽查审查。

2. 工作时间及后勤保障

数据录入期间基础工作时间为每天上午 8：30—11：30，下午 1：30—6：00，视实际情况进行加班。

每天安排午餐，统一由食堂提供。

3. 工作量核定

每人每日填写工作量完成表。此表贴于区普查办。每周更换一次，如表 5-17 所示。

表 5-17　数据录入工作量统计表样表

通州区第二次全国污染源普查清查工作
生活源锅炉清查数据录入工作量统计表（5.21—5.25）

序号	姓名	内容	5/21	5/22	5/23	5/24	5/25
1		完成录入					
		校核修改					
2		完成录入					
		校核修改					
3		完成录入					
		校核修改					
4		完成录入					
		校核修改					
5		完成录入					
		校核修改					
6		完成录入					
		校核修改					

4. 进度保障

每日由校核员汇总统计各乡镇/街道完成清查录入数量，填写数据录入进度表，进度表分生活源锅炉、工业企业、畜禽养殖、集中式污染治理设施四类。以生活源锅炉数据录入完成进度样表为例，见表 5-18。

表 5-18   生活源锅炉数据录入完成进度表样表

序号	乡镇/街道	完成数据录入数量（累积量）				
		5/21	5/22	5/23	5/24	5/25
1	中仓街道					
2	玉桥街道					
3	新华街道					
4	北苑街道					
5	永顺镇					
6	梨园镇					
7	宋庄镇					
8	潞城镇					
9	台湖镇					
10	马驹桥镇					
11	西集镇					
12	于家务乡					
13	永乐店镇					
14	漷县镇					
15	张家湾镇					

5.4.6   关键问题的补充说明

1. 资料收集和汇总的程序要求

所有经由乡镇/街道驻派技术人员提交的资料，都应交给资料接收员，核对无误后填写纸质版材料接收单并双方签字后入库。

2. 清查数据录入的补充说明

目前市普查办下发的数据录入软件为单机版，为提高工作效率和避免错误，所有数据录入及校核人员统一安排在区普查办集中办公，现场解决遇到的问题和困难。

因现有软件要求生活源锅炉额定出力和燃料消耗量的数据输入精确到十分位（保留小数点后一位），若遇到实际位数多于小数点后一位的，按照四舍五入的原则在系统内输入，导出为 Excel 文件后在表格内进行修改并填写录入数据修改说明表一并交给对应的数据校核人员。

3. 清查数据校核的工作要求

校核工作分三次进行，第一次由提交数据和表格的乡镇/街道驻派技术人员进行，第二次由数据校核人员对乡镇/街道驻派技术人员提交的汇总版和纸质版进行校核，第三次由数据录入校核组长完成，对每日随机抽取纸质版进行质控监督。

4. 清查阶段的档案管理补充要求

当日送到区普查办的表格由档案管理组确认并签收后，转交数据录入组开始录入，录入完成后返回给档案管理组进行归类并存档。无论当日数据录入情况如何，任何人不得在任何情况下将任何已接收的纸质材料带离区普查办。

5. 数据录入关于普查小区选择的问题说明

因数据录入系统需要根据污染源地址进行选择，为避免因数据录入人员不清楚普查小区划分而导致出错，数据校核人员已提取普查小区代码表，作为本手册的附件一并发放。

附件1

纸质版材料接收单

北京市通州区第二次全国污染源普查清查阶段_____每日纸质版材料接收单

日期：　　年　月　日

序号	乡镇/街道	清查表数量	清查核实表数量	核实表证明材料	抽查表数量	抽查表证明材料	材料是否齐全	备注	提交人签字	接收人签字
1	中仓街道									
2	玉桥街道									
3	新华街道									
4	北苑街道									
5	永顺镇									
6	梨园镇									
7	宋庄镇									
8	潞城镇									
9	台湖镇									
10	马驹桥镇									
11	西集镇									
12	于家务乡									
13	永乐店镇									
14	漷县镇									
15	张家湾镇									

北京市通州区第二次全国污染源普查清查阶段_____纸质版材料确认单（归档）

序号	乡镇/街道	清查表数量	清查核实表数量	核实表证明材料	抽查表数量	抽查表证明材料	材料是否齐全	备注
1	中仓街道							
2	玉桥街道							
3	新华街道							
4	北苑街道							
5	永顺镇							
6	梨园镇							
7	宋庄镇							
8	潞城镇							

续表

序号	乡镇/街道	清查表数量	清查核实表数量	核实表证明材料	抽查表数量	抽查表证明材料	材料是否齐全	备注
9	台湖镇							
10	马驹桥镇							
11	西集镇							
12	于家务乡							
13	永乐店镇							
14	漷县镇							
15	张家湾镇							

附件2

普查小区代码表

通州区北苑街道（普查代码110112003000）

社区/村	普查小区代码
新华西街社区居委会	110112003001
中山街社区居委会	110112003002
复兴南里社区居委会	110112003003
北苑桥社区居委会	110112003004
后南仓社区居委会	110112003005
锦园社区居委会	110112003006
新城南街社区居委会	110112003007
帅府社区居委会	110112003009
玉带路社区居委会	110112003011
西关社区居委会	110112003012
五里店社区居委会	110112003013
长桥园社区居委会	110112003014
新北苑社区居委会	110112003015
果园西社区居委会	110112003016
新华联家园北区社区居委会	110112003017
滨惠南三街社区居委会	110112003018
京贸国际社区居委会	110112003019

续表

社区/村	普查小区代码
天时名苑社区居委会	110112003020
广通社区居委会	110112003021

通州区潞县镇（普查代码110112106000）

社区/村	普查小区代码
绿茵小区社区居委会	110112106001
绿茵西区社区居委会	110112106002
金三角社区居委会	110112106003
潞县村村委会	110112106201
中辛庄村委会	110112106202
郭庄村村委会	110112106203
王楼村委会	110112106204
吴营村村委会	110112106205
靛庄村村委会	110112106206
许各庄村委会	110112106207
南阳村村委会	110112106208
翟各庄村委会	110112106209
马务村村委会	110112106210
苏庄村村委会	110112106211
榆林庄村委会	110112106212
长凌营村村委会	110112106213
杨堤村村委会	110112106214
三黄庄村村委会	110112106215
后地村村委会	110112106216
沈庄村村委会	110112106217
小香仪村村委会	110112106218
大香仪村村委会	110112106219
高庄村村委会	110112106220
东黄垡村村委会	110112106221
西黄垡村村委会	110112106222
马堤村村委会	110112106223
马头村村委会	110112106224

续表

社区/村	普查小区代码
石槽村村委会	110112106225
毛庄村村委会	110112106226
草厂村委会	110112106227
南丁庄村委会	110112106228
东鲁村村委会	110112106229
西鲁村村委会	110112106230
周起营村委会	110112106231
黄厂铺村委会	110112106232
北堤寺村委会	110112106233
觅子店村委会	110112106234
凌庄村委会	110112106235
马庄村委会	110112106236
曹庄村委会	110112106237
候黄庄村委会	110112106238
张庄村委会	110112106239
东寺庄村委会	110112106240
小屯村委会	110112106241
纪各庄村委会	110112106242
大柳树村委会	110112106243
军屯村委会	110112106244
后尖平村委会	110112106245
徐官屯村委会	110112106246
东定安村委会	110112106247
西定安村委会	110112106248
柏庄村委会	110112106249
前尖平村委会	110112106250
李辛庄村委会	110112106251
尚武集村委会	110112106252
龙庄村委会	110112106253
南屯村委会	110112106254
穆家坟村委会	110112106255

续表

社区/村	普查小区代码
军庄村委会	110112106256
边槐庄村委会	110112106257
梁家务村委会	110112106258
罗庄村委会	110112106259
后元化村委会	110112106260
前元化村委会	110112106261

通州区梨园镇（普查代码 110112006000）

社区/村	普查小区代码
新华联家园南区社区居委会	110112006001
格瑞雅居社区居委会	110112006002
靓景明居社区居委会	110112006003
万盛北里社区居委会	110112006004
龙鼎园社区居委会	110112006005
金侨时代家园社区居委会	110112006006
梨园东里社区居委会	110112006007
京洲园社区居委会	110112006008
翠景北里社区居委会	110112006009
葛布店东里社区居委会	110112006010
云景东里社区居委会	110112006011
云景里社区居委会	110112006012
群芳园社区居委会	110112006013
颐瑞西里社区居委会	110112006014
颐瑞东里社区居委会	110112006015
欣达园社区居委会	110112006016
曼城家园社区居委会	110112006017
云景北里社区居委会	110112006018
翠屏北里社区居委会	110112006019
大方居社区居委会	110112006020
翠屏南里社区居委会	110112006021
新城乐居社区居委会	110112006022
车里坟村委会	110112006201

续表

社区/村	普查小区代码
三间房村委会	110112006202
北杨洼村委会	110112006203
九棵树村委会	110112006204
东总屯村委会	110112006205
西总屯村委会	110112006206
李老公庄村委会	110112006207
梨园村委会	110112006208
刘老公庄村委会	110112006209
小街一队村委会	110112006210
小街二队村委会	110112006211
小街三队村委会	110112006212
西小马庄村委会	110112006213
半壁店村委会	110112006214
孙王场村委会	110112006215
孙庄村委会	110112006216
砖厂村委会	110112006217
公庄村委会	110112006218
大稿村委会	110112006219
小稿村委会	110112006220
魏家坟村委会	110112006221
东小马庄村委会	110112006222
大马庄村委会	110112006223
高楼金村委会	110112006224
曹园村委会	110112006225
将军坟村委会	110112006226

通州区潞城镇（普查代码 110112119000）

社区/村	普查小区代码
紫荆雅园社区居委会	110112119001
水仙园社区居委会	110112119002
荔景园社区居委会	110112119003
胡各庄村委会	110112119201

社区/村	普查小区代码
魏庄村委会	110112119202
东杨庄村委会	110112119203
霍屯村委会	110112119204
古城村委会	110112119205
杨坨村委会	110112119206
郝家府村委会	110112119207
辛安屯村委会	110112119208
孙各庄村委会	110112119209
后屯村委会	110112119210
常屯村委会	110112119211
召里村委会	110112119212
堡辛村委会	110112119213
大台村委会	110112119214
前北营村委会	110112119215
后北营村委会	110112119216
大营村委会	110112119217
留庄村委会	110112119218
东夏园村委会	110112119219
庙上村委会	110112119220
东小营村委会	110112119221
西堡村委会	110112119222
东堡村委会	110112119223
七级村委会	110112119224
黎辛庄村委会	110112119225
南刘各庄村委会	110112119226
八各庄村委会	110112119227
侉店村委会	110112119228
后榆村委会	110112119229
前榆林庄村村委会	110112119230
贾后疃村委会	110112119231
东前营村委会	110112119232

续表

社区/村	普查小区代码
前疃村委会	110112119233
卜落垡村委会	110112119234
东刘庄村委会	110112119235
大甘棠村委会	110112119236
小甘棠村委会	110112119237
岔道村委会	110112119238
凌家庙村村委会	110112119239
武疃村委会	110112119240
李疃村委会	110112119241
燕山营村委会	110112119242
兴各庄村委会	110112119243
肖庄村委会	110112119244
大豆各庄村委会	110112119245
小豆各庄村委会	110112119246
武窑村委会	110112119247
夏店村委会	110112119248
崔家楼村村委会	110112119249
大东各庄村委会	110112119250
小东各庄村委会	110112119251
谢楼村委会	110112119252
康各庄村委会	110112119253
太子府村委会	110112119254

通州区马驹桥镇（普查代码 110112109000）

社区/村	普查小区代码
新海南里社区居委会	110112109001
新海北里社区居委会	110112109002
新海祥和社区居委会	110112109003
瑞晶苑社区居委会	110112109004
宏仁社区居委会	110112109005
一街村委会	110112109201
二街村委会	110112109202

续表

社区/村	普查小区代码
三街村委会	110112109203
北门口村委会	110112109209
大葛庄村委会	110112109210
东店村委会	110112109211
西店村委会	110112109212
西后街村委会	110112109213
辛屯村委会	110112109214
大白村村委会	110112109215
马村村委会	110112109216
小白村村委会	110112109217
姚村村委会	110112109218
张各庄村委会	110112109219
古庄村委会	110112109220
杨秀店村委会	110112109221
周营村委会	110112109222
小张湾村委会	110112109223
房辛店村委会	110112109224
张村村委会	110112109225
郭村村委会	110112109226
柴务村委会	110112109227
大周易村委会	110112109228
小周易村委会	110112109229
史村村委会	110112109230
前银子村委会	110112109231
后银子村委会	110112109232
驸马庄村委会	110112109233
南堤村委会	110112109234
大杜社村委会	110112109235
团瓢庄村委会	110112109236
后堰上村委会	110112109237
前堰上村委会	110112109238

续表

社区/村	普查小区代码
姚辛庄村委会	110112109239
陈各庄村委会	110112109240
南小营村委会	110112109241
西田阳村委会	110112109242
东田阳村委会	110112109243
小杜社村委会	110112109244
六郎庄村委会	110112109245
西马各庄村委会	110112109246
小松垡村委会	110112109247
大松垡村委会	110112109248
神驹村委会	110112109249
柏福村委会	110112109250

通州区宋庄镇（普查代码 110112104000）

社区/村	普查小区代码
宋庄村委会	110112104201
高各庄村委会	110112104202
翟里村委会	110112104203
北寺庄村委会	110112104204
小杨各庄村委会	110112104205
白庙村委会	110112104206
任庄村委会	110112104207
辛店村委会	110112104208
喇嘛庄村委会	110112104209
大兴庄村委会	110112104210
小堡村委会	110112104211
疃里村委会	110112104212
六合村委会	110112104213
后夏公庄村委会	110112104214
前夏公庄村委会	110112104215
邢各庄村委会	110112104216
丁各庄村委会	110112104217

续表

社区/村	普查小区代码
高辛庄村委会	110112104218
菜园村委会	110112104219
小邓各庄村委会	110112104220
大邓各庄村委会	110112104221
师姑庄村委会	110112104222
北刘各庄村委会	110112104223
摇不动村委会	110112104224
关辛庄村委会	110112104225
西赵村委会	110112104226
港北村委会	110112104227
南马庄村委会	110112104228
郝各庄村委会	110112104229
徐辛庄村委会	110112104230
管头村委会	110112104231
吴各庄村委会	110112104232
葛渠村委会	110112104233
寨辛庄村委会	110112104234
寨里村委会	110112104235
北窑上村委会	110112104236
王辛庄村委会	110112104237
岗子村委会	110112104238
内军庄村委会	110112104239
平家疃村委会	110112104240
小营村委会	110112104241
草寺村委会	110112104242
尹各庄村委会	110112104243
富豪村委会	110112104244
大庞村村委会	110112104245
双埠头村委会	110112104246
沟渠庄村委会	110112104247

通州区台湖镇（普查代码110112114000）

社区/村	普查小区代码
定海园一里社区居委会	110112114001
定海园二里社区居委会	110112114002
台湖村委会	110112114201
铺头村委会	110112114202
朱家垡村委会	110112114203
田家府村委会	110112114204
前营村委会	110112114205
口子村委会	110112114206
江场村委会	110112114207
胡家垡村委会	110112114208
周坡庄村委会	110112114209
外郎营村委会	110112114210
玉甫上营村委会	110112114211
蒋辛庄村委会	110112114212
东下营村委会	110112114213
西下营村委会	110112114214
北火垡村委会	110112114215
唐大庄村委会	110112114216
北姚园村委会	110112114217
碱厂村委会	110112114218
尖垡村委会	110112114219
兴武林村委会	110112114220
窑上村委会	110112114221
次一村委会	110112114222
次二村委会	110112114223
垛子村委会	110112114224
永隆屯村委会	110112114225
桂家坟村委会	110112114226
大地村委会	110112114227
徐庄村委会	110112114228
新河村委会	110112114229

社区/村	普查小区代码
高古庄村委会	110112114230
桑元村委会	110112114231
水南村委会	110112114232
董村村委会	110112114233
北神树村委会	110112114234
丁庄村委会	110112114235
白庄村委会	110112114236
马庄村委会	110112114237
东石村委会	110112114240
麦庄村委会	110112114241
西太平庄村委会	110112114242
北小营村委会	110112114246

通州区西集镇（普查代码 110112110000）

社区/村	普查小区代码
西集村委会	110112110201
于辛庄村委会	110112110202
协各庄村委会	110112110203
侯各庄村委会	110112110204
胡庄村委会	110112110205
赵庄村委会	110112110206
武辛庄村委会	110112110207
车屯村委会	110112110208
前东仪村委会	110112110209
史东仪村委会	110112110210
侯东仪村村委会	110112110211
黄东仪村村委会	110112110212
尹家河村村委会	110112110213
林屯村村委会	110112110214
王上村村委会	110112110215
岳上村村委会	110112110216
石上村村委会	110112110217

续表

社区/村	普查小区代码
曹刘各庄村委会	110112110218
东辛庄村村委会	110112110219
后寨府村村委会	110112110220
小灰店村村委会	110112110221
大灰店村村委会	110112110222
大沙务村村委会	110112110223
小沙务村村委会	110112110224
南小庄村村委会	110112110225
安辛庄村村委会	110112110226
肖家林村村委会	110112110227
前寨府村村委会	110112110228
桥上村村委会	110112110229
杜店村村委会	110112110230
牛牧屯村村委会	110112110231
上坡村村委会	110112110232
和合站村村委会	110112110233
吕家湾村村委会	110112110234
杨家洼村委会	110112110235
辛集村村委会	110112110236
郎东村委会	110112110237
郎西村委会	110112110238
马坊村委会	110112110239
小辛庄村委会	110112110240
任辛庄村委会	110112110241
沙古堆村委会	110112110242
望君疃村委会	110112110243
杜柳棵村委会	110112110244
太平庄村委会	110112110245
供给店村委会	110112110246
儒林村委会	110112110247
小屯村委会	110112110248

续表

社区/村	普查小区代码
张各庄村委会	110112110249
金各庄村委会	110112110250
老庄户村委会	110112110251
何各庄村村委会	110112110252
冯各庄村村委会	110112110253
金坨村委会	110112110254
王庄村村委会	110112110255
耿楼村村委会	110112110256
陈桁村委会	110112110257

通州区新华街道（普查代码 110112002000）

社区/村	普查小区代码
天桥湾社区居委会	110112002001
司空社区居委会	110112002002
贡院社区居委会	110112002008
如意社区居委会	110112002009
新建社区居委会	110112002012
东大街社区居委会	110112002016
北关社区居委会	110112002017

通州区永乐店镇（普查代码 110112117000）

社区/村	普查小区代码
永乐店一村村委会	110112117201
永乐店二村村委会	110112117202
永乐店三村村委会	110112117203
新西庄村委会	110112117204
陈辛庄村村委会	110112117205
邓庄村委会	110112117206
后甫村委会	110112117207
东张各庄村委会	110112117208
老槐庄村委会	110112117209
孔庄村委会	110112117210

续表

社区/村	普查小区代码
大羊村委会	110112117211
小南地村委会	110112117212
南堤寺东村村委会	110112117213
南堤寺西村村委会	110112117214
小务村村委会	110112117215
西槐庄村委会	110112117216
坚村村委会	110112117217
小安村村委会	110112117218
后营村委会	110112117219
马合店村委会	110112117220
鲁城村委会	110112117221
大务村委会	110112117222
东河村村委会	110112117223
西河村村委会	110112117224
德仁务前街村委会	110112117225
德仁务中街村委会	110112117226
德仁务后街村委会	110112117227
柴厂屯村委会	110112117228
后马坊村委会	110112117229
前马坊村委会	110112117230
半截河村委会	110112117231
兴隆庄村委会	110112117232
三垡村委会	110112117233
小甸屯村委会	110112117234
胡家村村委会	110112117235
应寺村委会	110112117236
熬硝营村委会	110112117237
临沟屯村委会	110112117238

通州区于家务乡（普查代码 110112209000）

社区/村	普查小区代码
于家务西里社区居委会	110112209001

续表

社区/村	普查小区代码
于家务村委会	110112209201
南仪阁村委会	110112209202
北辛店村委会	110112209203
大耕垡村委会	110112209204
东马各庄村委会	110112209205
西马坊村委会	110112209206
神仙村委会	110112209207
果村村委会	110112209208
渠头村村委会	110112209209
富各庄村村委会	110112209210
满庄村村委会	110112209211
王各庄村委会	110112209212
崔各庄村委会	110112209213
南三间房村村委会	110112209214
小海字村村委会	110112209215
枣林村村委会	110112209216
吴寺村村委会	110112209217
仇庄村村委会	110112209218
南刘庄村委会	110112209219
东垡村村委会	110112209220
西垡村村委会	110112209221
后伏村委会	110112209222
前伏村委会	110112209223

通州区玉桥街道（普查代码 110112004000）

社区/村	普查小区代码
葛布店北里社区居委会	110112004002
葛布店南里社区居委会	110112004003
玉桥北里社区居委会	110112004004
玉桥南里社区居委会	110112004006
运河东大街社区居委会	110112004009
乔庄北街社区居委会	110112004011

续表

社区/村	普查小区代码
梨花园社区居委会	110112004012
土桥社区居委会	110112004013
艺苑西里社区居委会	110112004014
玉桥东里社区居委会	110112004015
柳岸方园社区居委会	110112004016
柳馨园社区居委会	110112004017
玉桥南里南社区居委会	110112004018
净水园社区居委会	110112004019
新通国际社区居委会	110112004020
玉桥东里南社区居委会	110112004021
潞阳桥社区居委会	110112004022

通州区张家湾镇（普查代码 110112105000）

社区/村	普查小区代码
北许场村委会	110112105201
张辛庄村委会	110112105202
上马头村委会	110112105203
梁各庄村委会	110112105204
土桥村委会	110112105205
皇木厂村委会	110112105206
南许场村委会	110112105207
张湾镇村委会	110112105208
张湾村委会	110112105209
大高力庄村委会	110112105210
上店村委会	110112105211
贾各庄村委会	110112105212
东定福庄村委会	110112105213
西定福庄村委会	110112105214
立禅庵村委会	110112105215
宽街村委会	110112105216
唐小庄村委会	110112105217
施园村委会	110112105218

社区/村	普查小区代码
里二泗村委会	110112105219
烧酒巷村委会	110112105220
瓜厂村委会	110112105221
马营村委会	110112105222
何各庄村委会	110112105223
牌楼营村委会	110112105224
齐善庄村委会	110112105225
南姚园村委会	110112105226
大辛庄村委会	110112105227
枣林庄村委会	110112105228
姚辛庄村委会	110112105229
中街村委会	110112105230
前街村委会	110112105231
后街村委会	110112105232
苍头村委会	110112105233
十里庄村委会	110112105234
南火垡村委会	110112105235
三间房村委会	110112105236
样田村委会	110112105237
垡头村委会	110112105238
陆辛庄村委会	110112105239
北大化村委会	110112105240
大北关村委会	110112105241
小北关村委会	110112105242
南大化村委会	110112105243
柳营村委会	110112105244
高营村委会	110112105245
坨堤村委会	110112105246
西永和屯村委会	110112105247
东永和屯村委会	110112105248
王各庄村委会	110112105249

续表

社区/村	普查小区代码
苍上村委会	110112105250
后坨村委会	110112105251
后青山村委会	110112105252
前青山村委会	110112105253
后南关村委会	110112105254
前南关村委会	110112105255
北仪阁村委会	110112105256
小耕垡村委会	110112105257

通州区中仓街道（普查代码 110112001000）

社区/村	普查小区代码
东关社区居委会	110112001001
星河社区居委会	110112001002
上营社区居委会	110112001004
悟仙观社区居委会	110112001006
白将军社区居委会	110112001011
东里社区居委会	110112001012
西营社区居委会	110112001016
中仓社区居委会	110112001017
小园社区居委会	110112001021
四员厅社区居委会	110112001023
西上园社区居委会	110112001024
新华园社区居委会	110112001025
莲花寺社区居委会	110112001026
中上园社区居委会	110112001027
运河园社区居委会	110112001028
滨河社区居委会	110112001029
运河湾社区居委会	110112001030

通州区永顺镇（普查代码 110112005000）

社区/村	普查小区代码
天赐良园社区居委会	110112005001

社区/村	普查小区代码
富河园社区居委会	110112005002
运乔嘉园社区居委会	110112005003
盛业家园社区居委会	110112005004
龙旺庄社区居委会	110112005005
潞苑南里社区居委会	110112005006
潞邑社区居委会	110112005007
东潞苑西区社区居委会	110112005008
运通园社区居委会	110112005009
西马庄社区居委会	110112005010
苏荷雅居社区居委会	110112005011
世纪星城兴业园社区居委会	110112005012
永顺南里社区居委会	110112005013
杨庄南里西区社区居委会	110112005014
永顺西里社区居委会	110112005015
艺苑东里社区居委会	110112005016
杨庄南里南区社区居委会	110112005017
潞苑嘉园社区居委会	110112005018
竹木场社区居委会	110112005019
杨富店社区居委会	110112005020
岳庄社区居委会	110112005021
杨庄通广嘉园社区居委会	110112005022
永顺村村委会	110112005201
北马庄村委会	110112005202
范庄村委会	110112005203
刘庄村委会	110112005204
李庄村村委会	110112005205
焦王庄村委会	110112005206
苏坨村委会	110112005207
小潞邑村委会	110112005208
龙旺庄村委会	110112005209
耿庄村村委会	110112005210

续表

社区/村	普查小区代码
王家场村委会	110112005211
邓家窑村委会	110112005212
西马庄村委会	110112005213
新建村村委会	110112005215
杨庄村村委会	110112005217
果元村村委会	110112005218
南关村委会	110112005219
上营村村委会	110112005220
乔庄村村委会	110112005221
小圣庙村委会	110112005222
前上坡村委会	110112005223

附件3

录入数据修改说明表

数据录入修改说明

录入员：_____　2018 年____月____日

修改文件名	修改行列数	原始数据	改后数据	修改原因
××××	4B	1	1.08	系统无法填写小数

附件 4

生活源锅炉数据分配情况表

分组	乡镇/街道	小组长	电话	需录入清查表锅炉数量	总数	录入人员	备注
1组	中仓街道						
	北苑街道						
	玉桥街道						
	新华街道						
	潞城镇						
	宋庄镇						
	马驹桥镇						
	台湖镇						
2组	张家湾镇						
	西集镇						
	于家务乡						
	永顺镇						
	永乐店镇						
	梨园镇						
	漷县镇						

附件 5

数据录入纠错率统计表

<table>
<tr><td colspan="5" align="center">数据录入纠错率统计表
2018 年____月____日</td></tr>
<tr><td rowspan="3">姓名</td><td colspan="4" align="center">错误原因</td></tr>
<tr><td colspan="2" align="center">录入错误</td><td colspan="2" align="center">表格填写错误</td></tr>
<tr><td>数量</td><td>占整体比例</td><td>数量</td><td>占整体比例</td></tr>
<tr><td></td><td></td><td></td><td></td><td></td></tr>
<tr><td></td><td></td><td></td><td></td><td></td></tr>
<tr><td></td><td></td><td></td><td></td><td></td></tr>
<tr><td></td><td></td><td></td><td></td><td></td></tr>
<tr><td></td><td></td><td></td><td></td><td></td></tr>
<tr><td></td><td></td><td></td><td></td><td></td></tr>
<tr><td></td><td></td><td></td><td></td><td></td></tr>
<tr><td></td><td></td><td></td><td></td><td></td></tr>
<tr><td></td><td></td><td></td><td></td><td></td></tr>
</table>

5.5 清查档案管理工作手册

5.5.1 编制目的

为了加强和规范北京市通州区第二次全国污染源普查清查阶段档案的管理,保障普查初期阶段档案管理工作及时步入正轨,确保档案的完整、准确、系统和安全,满足国家污染源普查核查档案管理、普查清查阶段文件存档备查的相关要求,同时为下一步信息化管理做准备,根据《中华人民共和国档案法》《全国污染源普查条例》《关于印发〈污染源普查档案管理办法〉的通知》(环普查〔2018〕30号)有关规定,结合污染源普查档案管理工作的特点,特制定本工作手册。

1. 内容及要求

通州区普查办清查阶段档案管理遵循"谁主办、谁形成、谁负责"和"统一领导、分级管理、统一标准"的原则,实行"前期准备、过程控制、同步归档、分阶段移交"的管理方式。确保普查清查阶段档案的完整、准确、有序、规范及安全。

普查清查过程中主要文件提交及校核管理工作流程如图5-4所示。

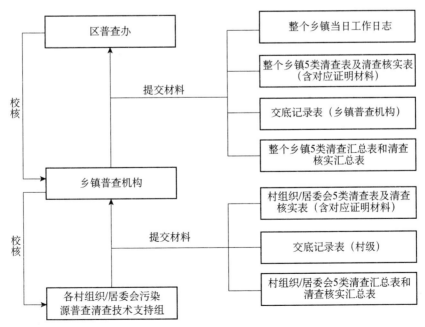

图5-4 普查清查阶段文件校核管理流程

2. 管理内容

结合普查清查阶段实际工作情况，普查清查阶段档案管理内容主要分为以下三大类：
- A 类：清查表（A1）、清查汇总表（A2）、清查复核表（5%～10%）（A3）。
- B 类：清查核实表（B1）、清查核实汇总表（B2）、证明材料（B3）。
- C 类：文件、通知及培训材料（C1）；日志、周报及照片（C2）。

3. 格式要求

各类文件管理格式要求如表 5-19 所示。

表 5-19　文件格式要求

文件格式	纸质版	电子版
A 类	清查表（A1） 清查汇总表（A2） 清查复核表（5%～10%）（A3）	清查汇总表（A2）
B 类	清查核实表（B1） 清查核实汇总表（B2） 证明材料（B3）	清查核实汇总表（B2） 证明材料（B3）
C 类	—	文件、通知及培训材料（C1） 日志、周报及照片（C2）

4. 数量要求

根据相关数据统计，清查阶段各乡镇/街道需上交存档的纸质版清查表（A1）+清查核实表（B1）数量可以参考各乡镇/街道分类基表及数量核对参照表（清查前）统计数量。

5.5.2　管理对象

1. 清查表类

（1）清查基表（5 张）
- 《第二次全国污染源普查工业企业和产业活动单位清查表》
- 《第二次全国污染源普查规模化畜禽养殖场清查表》
- 《第二次全国污染源普查集中式污染治理设施清查表》
- 《第二次全国污染源普查生活源锅炉清查表》
- 《第二次全国污染源普查入河（海）排污口清查表》

（2）清查汇总表（5 张）

- 《第二次全国污染源普查工业企业和产业活动单位清查汇总表》
- 《第二次全国污染源普查规模化畜禽养殖场清查汇总表》
- 《第二次全国污染源普查集中式污染治理设施清查汇总表》
- 《第二次全国污染源普查生活源锅炉清查汇总表》
- 《第二次全国污染源普查入河（海）排污口清查汇总表》

（3）清查复核表（5%~10%）

按照国家普查清查要求，还需对 5%~10% 的普查小区开展清查复查工作，并填写相应的复核表，复核表格式同清查基表。

2. 清查核实表类

（1）清查核实基表（5 张）

- 《第二次全国污染源普查工业企业和产业活动单位清查核实表》
- 《第二次全国污染源普查规模化畜禽养殖场清查核实表》
- 《第二次全国污染源普查集中式污染治理设施清查核实表》
- 《第二次全国污染源普查生活源锅炉清查核实表》
- 《第二次全国污染源普查入河（海）排污口清查核实表》

（2）清查核实汇总表（5 张）

- 《第二次全国污染源普查工业企业和产业活动单位清查核实汇总表》
- 《第二次全国污染源普查规模化畜禽养殖场清查核实汇总表》
- 《第二次全国污染源普查集中式污染治理设施清查核实汇总表》
- 《第二次全国污染源普查生活源锅炉清查核实汇总表》
- 《第二次全国污染源普查入河（海）排污口清查核实汇总表》

（3）证明材料

主要指各类清查对象不纳入本次清查范围的证明材料，如照片、关停搬迁凭证等。

3. 其他类

（1）文件、通知及培训材料。
（2）日志、周报及照片。
（3）核实后分解到村的清查底册。

5.5.3　清查档案校核及管理工作人员

针对普查清查阶段档案管理工作，主要分为三级管理机构及工作人员，具体如下：

①通州区第二次全国污染源普查领导小组办公室是本次污染源普查清查阶段档案的归口管理部门，负责通州区第二次全国污染源普查清查阶段档案管理，负责对职责范围内清查档案工作进行统一领导、组织协调、指导、监督、检查。由清查技术指导组提供技术支持。

②通州区各乡镇普查机构负责职责范围内的清查阶段表册、资料类文件的汇总、审核、移交。由清查派驻和培训组提供技术支持。

③各村组织/居委会污染源普查清查技术支持组负责职责范围内的清查阶段表册、资料类文件的填写、收集、汇总和移交。由清查入户调查支持和校核组提供技术支持。

1. 人员组成及职责

根据普查清查阶段主要人员工作内容及分工，在普查清查阶段所需的档案校核及管理工作人员主要包括以下三级9组人。具体人员情况及职责如表5-20所示。

表5-20　清查档案校核及管理工作人员组成及职责

工作人员及分工	政府人员	技术人员	工作人员
村级	③ 各村/普查小区负责人	② 入户技术支持人员	① 普查小区入户调查人员
清查阶段档案校核管理工作中的主要职责	收集整理每日清查基表及清查核实基表；完成当日清查汇总表及清查核实汇总表（电子版）并发送给乡镇普查机构负责人	入户清查指导；对清查基表及清查核实基表进行初步校核。完成每日入户日志的编制及提交	入户清查；填写清查基表及清查核实基表
乡镇/街道	③ 乡镇普查机构负责人	② 乡镇/街道常驻技术人员	① 乡镇普查机构工作人员
清查阶段档案校核管理工作中的主要职责	完成当日各村/普查小区提交的电子版清查汇总表及清查核实汇总表的汇总工作，并发送给技术指导组组长；每周完成一次清查基表及清查核实表的校核	填写清查复核表；协助乡镇普查机构工作人员进行表格校核及电子版汇总表的汇总工作；完成工作日志的编制及提交	收集、整理、校核各村/普查小区负责人提交的清查基表及清查核实表，完成校核签字及盖章
区普查办	③ 区普查办档案管理负责人	② 技术指导组组长	① 区普查办常驻技术人员
清查阶段档案校核管理工作中的主要职责	对归档的纸质版材料进行不定期校核及抽查；按照存档要求负责所有上交电子版文件的整理和汇总存档工作	对最终归档的清查材料进行校核；完成反馈清查表；完成文件、通知、日志、周报及培训材料的整理归档	对上交的纸质版基表，汇总表及证明材料等按要求进行分类整理及归档

5.5.4 清查档案收交/校核路线及时间节点要求

1. 电子版文件

主要包括：清查汇总表（A2），清查核实汇总表（B2），证明材料（B3）；文件、通知及培训材料（C1）；日志、周报及照片（C2）。

其中文件、通知及培训材料直接由技术指导组组长在清查工作结束前完成所有文件的提交及归档。

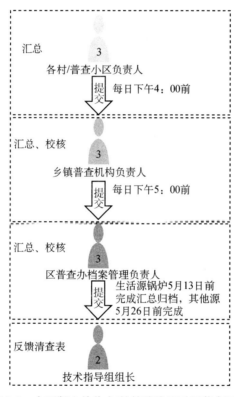

图5-5 电子版文件收交/校核路线及时间节点要求

2. 纸质版文件

主要包括：清查表（A1），清查汇总表（A2），清查复核表（5%~10%）（A3），清查核实表（B1），清查核实汇总表（B2），证明材料（B3）。

其中，清查汇总表（A2）、清查核实汇总表（B2）纸质版文件为电子汇总表的打印件。

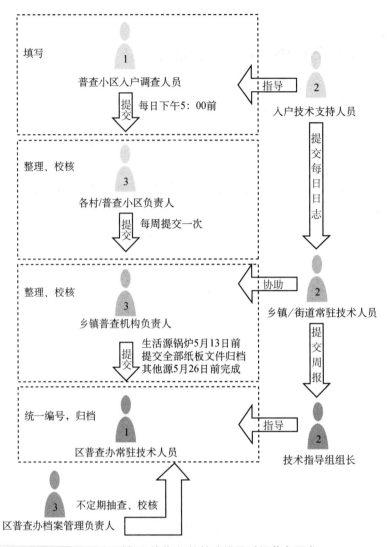

图 5-6　纸质版文件收交/校核路线及时间节点要求

5.5.5　清查档案存档要求

区普查办在普查清查过程中应配备文件收集袋（盒）及专用文件柜，并在文件保管场所采取防火、防潮、防虫、防盗等措施，确保项目文件的安全。项目电子文件应及时备份，由专门的电脑及硬盘进行离线储存。

1. 电子版文件存档要求

（1）硬件要求

电脑1台，移动硬盘2个。归档的电子文件数据应与相应纸质文件数据保持一致，电子文件应物理归档，一式 3 套。电脑归档一套，2 个硬盘各归档一套。

（2）命名规则

具体清查存档命名规则详见 5.6.2 节。

（3）存档目录索引

按照 5.6.2 节清查归档技术规范要求建立各乡镇/街道层面电子文档索引目录，在区普查办固定台式机保存，并在移动硬盘中及时备份。所有电子文档在普查结束后 6 个月内移交通州区环保局。

2. 纸质版文件存档要求

（1）硬件要求

根据通州区污染源普查清查阶段工作量初步估算，前期需准备约 7 个文件柜，335 余个文件盒，具体估算数量如表 5-21 所示，实际购买数量可在此基础上，根据实际情况随时增加。

表 5-21　通州区普查清查阶段文件盒/文件柜数量需求初步估算

序号	文件类型	文件盒数量	文件盒明细	文件柜数量	文件柜明细
1	清查表类	165	1 个乡镇/街道各 7 个文件盒，分别用于保存 5 类清查表、清查汇总表和复核表，共 15 个乡镇/街道，其中 4 个企业较多乡镇/街道按 2 个文件夹估算	3	按照 1 个文件柜 8 格，每格放置 6~8 个文件夹估算
2	清查核实表类	165		3	
3	其他类	5	文件、通知及培训材料、日志、周报各 1 个文件盒	1	
小计	—	335	—	7	—

（2）编号规则

具体纸质材料编号规则详见 5.6.2 节。

（3）存档目录索引表

普查清查阶段纸质版档案应按 5.6.2 节清查归档技术规范要求建立目录索引。根据档案归档进度应及时更新电子版目录索引，一个星期更新一次纸质版目录索引，并粘贴于文件柜外侧，方便查阅。

5.5.6　清查档案借阅管理流程

（1）借阅档案需按规定办理借阅申请手续，在规定的范围内查阅。不得在档案上涂改、撕毁，并应及时归还。

（2）普查清查档案一律不准外借。内部调阅应经区普查办负责人同意。外单位因特殊需要，查阅有关普查清查档案时，应持正式公文，并经单位领导同意。查阅普查清查档案时不得将档案带出区普查办；如需摘抄、复印，应经区普查办负责人同意方可办理。

具体借阅管理流程如图 5-7 所示。

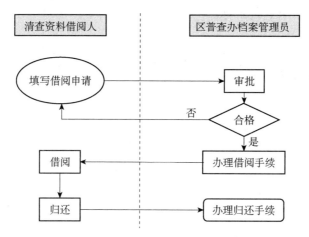

图 5-7　普查清查阶段档案文件借阅管理流程

5.6　清查归档技术规范

5.6.1　清查资料类型

1. 电子版文件

主要包括：清查汇总表（A2），区里下发至乡镇基表（A4），市里下发基表整合版（A5），清查污染源照片（A6），清查核实汇总表（B2），证明材料（B3）；文件、通知及培训材料（C1）；日志、周报及照片（C2）。

其中文件、通知及培训材料直接由技术指导组组长在清查工作结束前完成所有文件的提交及归档。

2. 纸质版文件

主要包括：清查表（A1），清查汇总表（A2），清查抽查复核表（5%～10%）（A3），区里下发至乡镇基表（A4），清查核实表（B1），清查核实汇总表（B2），证明材料（B3），质量控制单（B4）。

其中，清查汇总表（A2）、区里下发至乡镇基表（A4）、清查核实汇总表（B2）纸质版文件为电子汇总表的打印件。

5.6.2 清查归档技术规范

根据《污染源普查档案管理办法》（环普查〔2018〕30 号）要求，结合通州区普查清查阶段工作情况，制定本清查归档技术规范。

1. 电子版文件存档要求

（1）硬件要求

电脑 1 台，移动硬盘 2 个。归档的电子文件数据应与相应纸质文件数据保持一致，电子文件应物理归档，一式 3 套。电脑归档 1 套，2 个硬盘各归档 1 套。

（2）命名规则

①清查汇总表（A2）命名规则。

乡镇普查机构提交给区普查办清查汇总表文件夹：A2-乡镇代码，内含 5 个 Excel 文件，按照污染源类型（工业企业/畜禽养殖/生活源锅炉/集中设施/排污口）分别命名为：

A2-乡镇代码-工业企业.xls;

A2-乡镇代码-畜禽养殖.xls;

A2-乡镇代码-生活源锅炉.xls;

A2-乡镇代码-集中设施.xls;

A2-乡镇代码-排污口.xls。

②区里下发至乡镇基表（A4）命名规则。

区普查办下发给乡镇/街道的清查污染源基表文件夹：A4-乡镇代码，内含 5 个 Excel 文件，按照污染源类型（工业企业/畜禽养殖/生活源锅炉/集中设施/排污口）分别命名为：

A4-乡镇代码-工业企业.xls;

A4-乡镇代码-畜禽养殖.xls;

A4-乡镇代码-生活源锅炉.xls;

A4-乡镇代码-集中设施.xls;

A4-乡镇代码-排污口.xls。

③市里下发基表整合版（A5）命名规则。

市里下发基表整合版文件夹：A5-乡镇代码，内含 5 个 Excel 文件，按照污染源类型（工业企业/畜禽养殖/生活源锅炉/集中设施/排污口）分别命名为：

A5-乡镇代码-工业企业.xls;

A5-乡镇代码-畜禽养殖.xls;

A5-乡镇代码-生活源锅炉.xls;

A5-乡镇代码-集中设施.xls;

A5-乡镇代码-排污口.xls。

基表中应对以下内容进行备注：

a. 数据来源：北京市发底册/乡镇基表/清查核实表;

b. 企业状态：北京市发底册按照"开证明材料""行业类别不符""门面房"备注；乡镇基表按照原乡镇给出的备注；清查核实表备注"清查"或"核实"并说明是否有照片。

④清查污染源照片（A6）命名规则。

a. 清查阶段污染源现场照片整合版文件夹：A6-乡镇代码，内含 5 个污染源文件夹，按照污染源类型（工业企业/畜禽养殖/生活源锅炉/集中设施/排污口）分别命名为：

A6-乡镇代码-工业企业;

A6-乡镇代码-畜禽养殖;

A6-乡镇代码-生活源锅炉;

A6-乡镇代码-集中设施;

A6-乡镇代码-排污口。

b. 每个乡镇污染源文件夹下按照普查小区代码分设文件夹，按照普查小区代码命名分别各个文件夹。具体如图 5-8 所示。

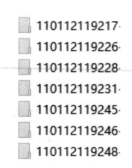

图 5-8　普查小区代码命名示例

c. 普查小区代码文件夹下，单个污染源按照营业执照名称命名存为一个文件夹，内含大门、营业执照、生产车间内部至少各一张照片，照片命名为：营业执照名称—大门/营业执照/生产车间内部。

⑤清查核实汇总表（B2）命名规则。

乡镇普查机构提交给区普查办清查汇总表文件夹：B2-乡镇代码，内含 5 个 Excel 文件，按照污染源类型（工业企业/畜禽养殖/生活源锅炉/集中设施/排污口）分别命名为：

B2-乡镇代码-工业企业.xls；

B2-乡镇代码-畜禽养殖.xls；

B2-乡镇代码-生活源锅炉.xls；

B2-乡镇代码-集中设施.xls；

B2-乡镇代码-排污口.xls。

⑥证明材料（B3）命名规则。

乡镇普查机构提交给区普查办清查核实表对应证明材料文件夹：B3-乡镇代码，内含 5 个 Word 文档，按照污染源类型（工业企业/畜禽养殖/生活源锅炉/集中设施/排污口）分别命名为：

B3-乡镇代码-工业企业.doc；

B3-乡镇代码-畜禽养殖.doc；

B3-乡镇代码-生活源锅炉.doc；

B3-乡镇代码-集中设施.doc；

B3-乡镇代码-排污口.doc。

⑦文件、通知及培训材料（C1）类命名规则。

文件类文件夹名称：C1-文件，内部文件按时间先后顺序依次命名为：00X-文件名称.doc；

通知类文件夹名称：C1-通知，内部文件按时间先后顺序依次命名为：00X-通知名称.doc；

培训材料类文件夹名称：C1-培训材料，内部文件按时间先后顺序依次命名为：00X-培训材料名称.doc；

⑧日志、周报及照片（C2）类命名规则。

日志类文件夹名称：C2-日志，内部文件命名为：C2-乡镇代码-日志-日期.doc；

周报类文件夹名称：C2-周报，内部文件命名为：C2-乡镇代码-周报-日期.doc；

照片类文件夹名称：C2-照片，内部文件命名为：单位名称（全称）-照片描述-日期.jpg（或.png）。

（3）电子文件存档索引

基于上述文件命名规则，对通州区第二次污染源普查清查阶段电子文件档案建立档案索引，如图 5-9 所示。从各乡镇向下依次分类设立文件夹，方便查找。

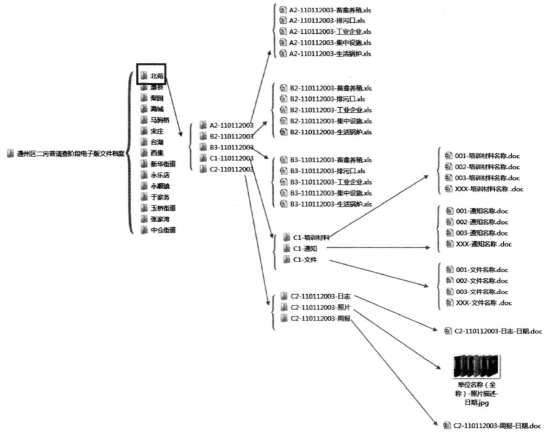

图 5-9　电子文件存档索引示例

2. 纸质版文件存档要求

（1）硬件要求

根据清查阶段估算的各类文件夹、文件盒和文件柜数量要求，配备纸质文件存档所需硬件。通州区普查办文件柜如图 5-10 所示。

图 5-10　普查清查阶段档案文件存放文件柜

（2）编号规则

① 清查基表类。

清查表编号为 A1-乡镇-行业-普查小区-××××；

清查汇总表纸质版装订成一册，每个乡镇/街道一本，编号为 A2-乡镇代码-行业；

清查抽查复核表编号为 A3-普查小区代码-行业-×××；

区里下发基表编号为 A4-乡镇代码-行业。

② 清查核实表类。

清查核实表编号为 B1-普查小区代码-行业-××××；

清查核实汇总表纸质版装订成一册，每个乡镇/街道一本，编号为 B2-乡镇代码-行业；

清查核实表对应证明材料编号为 B3-乡镇代码-行业-××××（其中各企业××××数字编号应与清查核实基表中的数字保持一致），每个乡镇/街道一本；

质量控制单编号为：B4-乡镇代码-行业。

其中，以上所指行业包括工业企业/畜禽养殖/生活源锅炉/集中设施/排污口这几类。

（3）纸质材料存档方法

①所有纸质材料在每份第一页右上角贴标签，标签上写明普查小区代码。标签如图 5-11 所示填写。

图 5-11　普查小区代码标签示例

②每个乡镇/街道 5 类源纸质材料存放在一个文件柜。

③每个乡镇/街道每类污染源每种材料［清查表（A1），清查汇总表（A2），清查抽查复核表（5%～10%）（A3），区里下发至乡镇基表（A4），清查核实表（B1），清查核实汇总表（B2），证明材料（B3），质量控制单（B4）］单独放于一个或多个文件盒中，若多于一个文件盒，文件盒按照 A1-乡镇代码-污染源类型-1/2/3 编码。

④每个文件盒侧面和封面按照 A1-乡镇代码-污染源类型编号。

⑤每个文件盒内，纸质材料按照不同的普查小区用透明文件袋分开存放，透明文件袋表面贴标签填写普查小区代码。

（4）存档目录索引表

普查清查阶段纸质版档案材料存档目录索引如表 5-22 所示。

表 5-22 通州区普查办清查档案目录索引（以中仓街道为例）

序号	类别	文件柜编号	文件盒号	档案编号	档案材料名称
1	A	1	A1-110112001-工业企业01～××	A1-110112001-工业企业-0001～A1-110112001-工业企业-0500	A1-110112001001-企业名称
	A	1	A1-110112001-畜禽养殖01～××	A1-110112001-畜禽养殖-0001～A1-110112001-畜禽养殖-0500	A1-110112001001-企业名称
	A	1	A1-110112001-生活源锅炉01～××	A1-110112001-生活源锅炉-0001～A1-110112001-生活源锅炉-0500	A1-110112001001-企业名称
	A	1	A1-110112001-生活源锅炉01～××	A1-110112001-生活源锅炉-0001～A1-110112001-生活源锅炉-0500	A1-110112001001-企业名称
	A	1	A1-110112001-集中设施01～××	A1-110112001-集中设施-0001～A1-110112001-集中设施-0500	A1-110112001001-企业名称
	A	1	A1-110112001-排污口01～××	A1-110112001-排污口-0001～A1-110112001-排污口-0500	A1-110112001001-企业名称
	A	1	A2-110112001-01～××	A2-110112001-工业企业；A2-110112001-畜禽养殖；A2-110112001-生活源锅炉；A2-110112001-集中设施；A2-110112001-排污口	A2-110112001001-工业企业；A2-110112001001-畜禽养殖；A2-110112001001-生活源锅炉；A2-110112001001-集中设施；A2-110112001001-排污口
	A	1	A3-110112001-01～××	A3-110112001-行业-×××	A3-110112001001-企业名称
…	…	…	…	…	…
	B	4	B1-110112001-工业企业-01～××	B1-110112001-工业企业-0001～B1-110112001-工业企业-0500	B1-110112001001-企业名称
	B	4	B1-110112001-畜禽养殖-01～××	B1-110112001-畜禽养殖-0001～B1-110112001-畜禽养殖-0500	B1-110112001001-企业名称
	B	4	B1-110112001-生活源锅炉-01～××	B1-110112001-生活源锅炉-0001～B1-110112001-生活源锅炉-0500	B1-110112001001-企业名称
	B	4	B1-110112001-集中设施-01～××	B1-110112001-集中设施-0001～B1-110112001-集中设施-0500	B1-110112001001-企业名称

续表

序号	类别	文件柜编号	文件盒号	档案编号	档案材料名称
	B	4	B1-110112001-排污口-01～××	B1-110112001-排污口-0001～B1-110112001-排污口-0500	B1-110112001001-企业名称
	B	4	B2-110112001-01～××	B2-110112001-工业企业；B2-110112001-畜禽养殖；B2-110112001-生活源锅炉；B2-110112001-集中设施；B2-110112001-排污口	B2-110112001001-工业企业；B2-110112001001-畜禽养殖；B2-110112001001-生活源锅炉；B2-110112001001-集中设施；B2-110112001001-排污口
	B	4	B3-110112001-01～××	B3-110112001-工业企业；B3-110112001-畜禽养殖；B3-110112001-生活源锅炉；B3-110112001-集中设施；B3-110112001-排污口	3-110112001-行业-××××（其中各企业××××数字编号应与清查核实基表中的数字保持一致）

第 6 章　污染源普查清查实施保障

6.1　制订宣传计划

6.1.1　宣传方案

1. 微信、网络、微博、网站等

利用通州区环保部门现有的官方微信、网站等平台，在官方微信公众号、微博定期发布普查工作重要进展和重要活动，在通州区环境保护局官方网页下开辟普查工作专栏，报道普查要闻、工作进展、资料下载等。

普查网站	微博

图 6-1　普查网站宣传和微博示例

2. 公共宣传、海报、横幅、标语等

把国家普查政策、法规和要求，用简单通俗的语言，进行口号式的宣传，主要在公共场所、交通等人流密集区，使用法言法语向全社会宣布普查工作的进展，营造便于普查和开展工作的大氛围和大环境。

图 6-2　横幅宣传示例

3. 墙报、logo、宣传册、宣传页等

为突出普查工作的重要意义，树立普查工作人员的气质形象，维护普查员的社会地位，明确普查对象的权责，可以在区普查办、相关部门、乡镇和街道办事处、重点企业和重点区域等地方，通过上述各种途径，对重点人员、重点对象进行普查的科普和宣贯。

4. 工作手册、培训册、法律法规汇总

通过对普查工作的详细梳理和总结，制作相关的简易查询手册和文件汇编，制作工作流程图和普查工作示意图等，用于指导普查员和区普查办工作人员开展工作，提供日常和便捷的索引工具。

5. 宣传片、动画、视频、小电影等

通过亲民、和善的微动画和小电影等方式，向公众、企业灌输普查工作的重要意义和社会作用，建立全社会认同的普查工作氛围，从观念上提高相关人员对普查工作的认同感。

6. 宣传标语和口号

- 污染源普查　造福首都城市副中心
- 污染源普查　利环境　利民生
- 普查污染源　建设美好家园
- 污染源普查是一项重大的国情调查

- 开展污染源普查　创建环境友好型社会
- 配合污染源普查工作是每个普查对象应尽的义务
- 如实填报确保第二次全国污染源普查圆满成功
- 治污要治本　治本先清源
- 治污先治源　环境更安全

6.1.2　宣传工作汇总

表 6-1　全部普查宣传工作汇总

序号	方式	内容	期限	目的	受众	频次和工作量
1	微信公众号	普查重大事项和节点	从启动到验收	扩大普查的社会影响力和提高普查参与人员的自信心和获得感	普查工作人员、重点企业人员、普查员、政府相关部门、社会公众等	编辑小新闻，每 1~2 周推送一次
2	知名网站、手机新闻端	腾讯、新浪等网站在通州区环保局网站开辟专栏	从启动到验收	报道普查工作进展，下载相关数据，提供学习材料，扩大普查影响	政府部门人员、公众、重点企业和对象人员、普查工作人员	根据需要更新页面，预计准备素材和照片150 件
3	横幅、标语	用简洁明快的语言宣传普查工作	启动阶段和入户阶段	提高社会认可度，提高企业重视程度	公众、企业、政府相关部门	马路周边显著位置每次投放200 幅左右，共计 1~2 次
4	海报	宣传普查的义务和内容，明确普查的程序	启动、培训、入户和数据校核阶段	塑造普查人员形象，提高相关人员和机构的认识和重视程度	普查工作人员、普查员、相关企业等	社区街道内每小区张贴 5 份左右
5	设计和制作通州区普查 logo	设计 logo，印制文化衫、笔记本和小礼品等	在普查启动和入户阶段	彰显普查的形象和精神，提高社会认可度和知名度	普查工作人员、重点企业人员等	一共印制 1 000 件文化衫，手提袋 2 000 个制作 3 000 个小礼品
6	宣传册、宣传页	印制普查工作内容和要求程序等宣传内容		提高普查科普的作用	政府相关部门、重点企业等	宣传册 1 000 册、宣传页印制 5 000 份
7	举办宣传活动 2~3 次	在大型繁华商业区，举办宣传活动2~3 次，搭建主题活动背景，摆放主题帐篷，宣传礼品发放桌椅、音响		提高普查的公众认知度和科普的作用	繁华商业区公众	领导讲话、记者采访发放手提袋宣传册、宣传页、小礼品

续表

序号	方式	内容	期限	目的	受众	频次和工作量
8	普查手册、培训册、汇编等	总结普查的工作内容进行汇总和提炼汇编	从启动到验收	提高普查工作效率和效果	普查工作人员、普查员等	编制印制500份
9	微视频、宣传片	录制普查工作的电视新闻、小电影、视频等		提高普查工作的社会认可度和成就感，科普普查工作内容	公众、政府部门、普查对象等	录制新闻3～5篇，录制微视频2个
10	公交车体广告					设置流动的宣传公交车数量为20辆
11	公交站台广告					设置静态公交站点数量为20个
12	电梯间广告	用简洁明快的语言，图文并茂宣传普查工作	从启动到验收	扩大普查的社会影响力和提高普查参与人员的自信心和获得感	普查工作人员、重点企业人员、普查员、政府相关部门、社会公众等	深入社区楼道的电梯广告板设置数量为200处
13	灯杆道旗					氛围营造比较明显的道旗设置数量为200面
14	围挡广告					营造全区普查氛围的大型围挡设置数量为10处
15	擎天柱广告牌					设置数量为6处

6.1.3 宣传工作具体计划

表6-2 通州区第二次全国污染源普查宣传工作具体计划

序号	阶段	类别	任务名称	提交成果
1	前期准备	网站及移动宣传	通州区普查专项网页构建，需要挂到环保局官网，主要包括内容：工作动态（最新工作进展照片、宣传稿等）、科普介绍（"二污普"简介、污染源简介等）、信息公示（含普查员和指导员基本信息等）、政策法规（污染源普查条例、国家"二污普"技术规定、导则提供下载链接等）、友情链接（国家普查办、北京市普查办）	制作完成动态更新网页，挂环保局官网
2	前期准备	网站及移动宣传	微信推送宣传稿，每次宣传、会议、培训等结束后随时制作，精选稿件发送区环保局由微信和微博公众号推送	随时制作
3	前期准备	办公室布置	档案柜整理、宣传品（包括海报、公开信、三折页、小礼品、衣帽等）摆放、分乡镇/街道地图、全区地图（购买大幅通州区行政区划图）	展品

续表

序号	阶段	类别	任务名称	提交成果
4	清查建库和入户调查	户外宣传方案	制定户外宣传方案，主要内容包括： 1）确认各乡镇/街道大屏，可用于展示国家宣传片（30s）、宣传标语等，确认备选大屏所在位置、可用时段、时间、时长、联系人、联系方式、负责人等信息； 2）确认各乡镇/街道社区宣传栏、公示栏，包含位置、可用数量、张贴时间、张贴内容（可包括普查员信息、公开信、宣传海报）、联系人、联系方式、负责人等信息； 3）确认各乡镇/街道可挂横幅情况，包括位置、尺寸、悬挂时段、标语内容、悬挂数量、联系人、联系方式、负责人等信息； 4）宣传材料的详细设计，包括通州区特色宣传海报设计、横幅标语设计、普查员信息公示模板（照片、工作证、联系方式等）设计等内容，做到随用随有，集中宣传阶段集中展现	完整的执行方案和联络通信录，要求预先与各乡镇/街道就宣传资源进行沟通对接，达到可以随时沟通确认悬挂、张贴或显示大屏的效果
5		宣传档案整理	全过程宣传档案归档整理，包括培训会照片、视频、宣传稿；宣传活动照片、视频、宣传稿；现场入户清查照片、视频、宣传稿；按照"地点（××镇/街道）-活动时间-事件内容"的格式进行电子存档	建立起截至目前的宣传电子档案系统，随时查阅
6		全区及分乡镇/街道宣传计划	编制全区及分乡镇/街道宣传方案，包括内容如下： 1）总结已有乡镇/街道宣传经验，了解其余10个乡镇和4个街道在清查过程中存在的主要问题，分乡镇/街道阐述，结合重点普查小区（如人口密集区域、工业企业密集区域等），设计具备各乡镇/街道特色的宣传方案； 2）提出各乡镇/街道宣传侧重点、宣传建议时间点、宣传建议地点、需要准备的主要素材、宣传材料、宣传活动主要内容和流程等，提出各乡镇/街道宣传时间进度表； 3）制定全区普查阶段宣传整体方案	普查宣传活动策划及执行准备；其余乡镇/街道及全区普查阶段方案
7	总结发布阶段	宣传表彰	1）组织成果宣贯大会，汇报本次普查主要成果、成绩、效果等内容； 2）以纪录片、视频、动画等形式汇总本次通州区普查工作过程和工作成果，予以发布； 3）撰写新闻稿、宣传稿，以微信和微博公众号以及官网的形式进行发布； 4）联系本地电视台，对于普查过程中的先进工作者和先进单位予以采访	宣传稿、纪录片、会议纪要等形式

表6-3 普查宣传造势广告分布

序号	项目	规格/公司/类型	数量	单位	分布区域/成果形式
1	办公区氛围	500 m²	1	区域	办公地点
2	启动宣传活动	详见清单	1	次	广场
3	公交车体广告	8m×1.5m	20	辆	城区4街道各5站

续表

序号	项目	规格/公司/类型	数量	单位	分布区域/成果形式
4	公交站台广告	3m×1.5m×2幅	20	站	城区4街道各5站
5	电梯间广告	0.6m×0.9m	200	处	城区4街道各50处
6	灯杆道旗	0.6m×2.5m	200	个	城区4街道各50个
7	围挡广告	0.6m×20m	10	处	城区4街道各5处
8	视频播放	—	多次	次	广场及具备播放条件的场所
9	海报彩色	0.6m×0.9m	2 000	份	街道及乡镇各100份
10	条幅	0.7m×10m	500	条	街道及乡镇各30条
11	擎天柱广告牌	8m×18m	6	处	选6乡镇各1处
12	公开信	A4	50 000	份	按需发放
13	宣传册	14cm×21cm	1 000	本	按需发放
14	手持宣传折页	9cm×21cm	5 000	份	按需发放
15	环保宣传赠品	文化衫	500	个	按需发放
16	环保宣传赠品	手提袋	2 000	个	按需发放
17		小礼品	3 000	个	按需发放
18	网络平台	腾讯	8	次	—
19		今日头条	8	次	—
20		百度	8	次	—
21		360	8	次	—
22	手机新闻客户端	腾讯	8	次	图文视频转发8次
23		今日头条	8	次	
24		百度	8	次	
25		360	8	次	
26	微信公众号	环保局专用	100	次	新闻宣传稿 每周一次
27	宣传活动	详见清单	1	次	成果总结

图6-3 通州区污染源普查宣传及现场工作照片

6.2 发挥乡镇/街道作用

为落实通州区各乡镇和街道的普查试点和普查具体工作，现提出乡镇和街道普查工作要点如下。

1. 参与普查员选聘

乡镇普查机构为普查员选聘工作的承担主体。应当严格依照《第二次全国污染源普查普查员和普查指导员选聘及管理工作指导意见》和《北京市通州区第二次全国污染源普查普查员和普查指导员选聘及管理工作办法》的有关规定，在区普查办的指导下开展普查员选聘工作。各乡镇普查机构推选的聘用人员参与区普查办组织的普查培训并考试合格后，由区普查办统一上报市普查办，登记造册，颁发普查员证件。由区普查办委托各乡镇普查机构履行普查员聘用手续。

2. 参与市级和区级普查培训

按照"实施方案"有关要求和进度安排，积极组织各乡镇和街道参与普查的人员和辖区内聘用的普查员参加市级和区级组织的普查宣传与培训活动，加大重视力度，确保普查工作在基层乡镇和街道层面的顺利推动和保障实施。

3. 组织乡镇和街道普查宣传培训

乡镇普查机构在全面开展普查工作以前，应当组织辖区内普查对象，特别是工业污染源企事业单位，参与普查宣传培训活动，使乡镇和街道辖区内的普查对象了解普查的重大意义、普查相关要求和企事业自身义务，积极配合普查入户调查，履行普查义务，准备和提供入户调查所需生产原辅材料、产能产量、污染排放情况、污染治理设施情况等数据和信息，确保普查工作的顺利实施。针对普查对象的宣传培训活动应在辖区全面开展入户调查前 1～2 周进行，并将培训计划报区普查办。培训活动由乡镇普查机构组织开展，区普查办、参与普查的第三方机构和试点乡镇街道普查业务骨干人员作为教员参与培训活动。

4. 配合开展入户调查和现场监测

根据《北京市通州区第二次全国污染源普查质量保证和质量控制工作细则》的有关要求，原则上每户污染源入户调查需配备 2 名普查员同时进行，其中 1 名普查员熟悉当地情况，另 1 名普查员熟悉普查专业知识，确保普查信息收集和填表等工作的质量。各乡镇普查机构负责协调各类污染源普查员的分类调查、入户安排、调查路线、与村委会的对接等工作，确保普查工作顺利实施。

各乡镇普查机构应当配合区普查办和参与普查的第三方机构开展普查对象现场监测活动，负责采样场地、工具设备、采样路线、人员时间等现场协调工作，确保采样监测活动顺利进行。

5. 完成数据填报和初步汇总

各乡镇普查机构应与辖区内参与普查的第三方机构人员、普查指导员共同构成乡镇/街道普查数据初核小组，对普查员提交的数据信息进行初步汇总和校验核实，严格按照市级和区级普查培训中要求的数据填报方法和规范进行普查数据的整理汇总。做到及时发现问题、解决问题，乡镇普查机构无法解决的问题应上报区普查办协商解决。

6. 履行质量核查与审查职责

各乡镇和街道由环保科或经济发展科抽调 1 名专职人员到区普查办数据审核组，负责本辖区污染源普查审核工作。本辖区内聘用普查员填报和上报信息经由负责该小组的普查指导员（或数据初核小组）汇总、审核后，上报至区普查办乡镇和街道审核员处二审和数据分析，审核确认后提交至区普查办质量控制组，与技术指导组共同核实数据无误后，形成最终上报材料。

7. 试点乡镇和街道工作要点

鼓励各乡镇和街道积极参与试点工作。通州区第二次全国污染源普查领导小组办公室经与各乡镇/街道协商确定试点乡镇和街道各 1 个。试点乡镇/街道应按照"实施方案"要求的时间节点，率先开展上述 1～6 项工作，并根据试点工作开展情况，向区普查办提供反馈意见，开展试点经验总结，并提交相关材料。在全面启动普查工作前，协助区普查办在普查阶段培训会上向其他乡镇普查机构、第三方机构、普查员和普查指导员、普查对象等介绍经验，形成示范。

6.3　做好技术培训

培训目的：紧密围绕污染源普查工作目标，建设一支熟悉普查工作细则、普查技术规定和普查表式，正确运用环境法律、法规的精干、高效、文明的普查队伍，确保所有普查工作人员全部持证上岗。通过培训，使普查员和普查指导员明确普查目的、意义，掌握普查对象、范围、指标含义及普查的具体操作要求等，提高普查人员的实际操作水平，保证普查质量和普查工作顺利完成。

培训对象：北京市通州区污染源普查机构或参与普查的第三方机构根据相关文件选聘的普查员和普查指导员。

培训内容：北京市通州区第二次全国污染源普查的目的、意义、范围和内容，如何界定普查对象，如何搞好清查摸底工作，如何正确理解污染源普查表指标解释和填报规定，如何保证普查数据质量以及调查技巧等。培训教员可从各级污染源普查机构的业务骨干中选调。主要培训课程内容及名称设置包括但不限于以下名称：

- 通州区第二次全国污染源普查工作方案解读
- 普查清查工作实施方案
- 普查员工作细则
- 入户调查技术和技巧
- 清查表填报技术要点：工业企业和产业活动单位、生活源锅炉、入河排污口、规模化畜禽养殖场、集中式污染治理设施
- 普查表填写技术要点：工业源、工业园区、农作物秸秆综合利用、生活源普查、集中式污染治理设施、种植业、畜禽养殖业、种植业地膜普查、水产养殖业、移动源普查
- 北京市其他专项补充源普查技术要点
- 污染源产排污系数应用
- 清查软件、普查软件（手持终端）、坐标定位系统等数据填报系统/软件/应用使用
- 数据处理技术方法
- 数据校核、审核、普查质量控制技术规定
- 污染源普查档案管理技术规定

培训计划：根据普查员聘用原则、数量配备比例和各乡镇/街道污染源数量和分布情况，初步制订全区和各乡镇/街道培训计划，如表6-4所示。

培训材料：培训下发材料包括国家或北京市下发的清查或普查阶段技术规定、国民经济行业代码手册、分乡镇清查和普查阶段工作手册、清查表/普查表。分乡镇/街道清查阶段工作手册（以北苑街道为例）。

培训考核：计划对通州区约550名普查指导员、普查员，通过集中授课、幻灯片演示、分组讨论、统一答疑和现场总结等多种培训形式，提高他们的业务知识水平。培训结束时，由通州区第二次全国污染源普查领导小组办公室统一出题组织测试，经测试合格者，由市普查办统一登记在册，颁发普查员、普查指导员证，由通州区普查办办理聘任手续。培训测试不合格的人员不能发给证书，不能上岗从事污染源普查工作。

表6-4　通州区第二次全国污染源普查清查阶段各乡镇初步培训计划

序号	乡镇/街道名称	清查阶段			普查阶段		
		计划培训日期	计划培训人数	主要培训内容	计划培训日期	计划培训人数	主要培训内容
1	通州区	2018.4	50	国家和北京市污染源普查进度、总体安排、技术规范；通州区普查工作方案、污染源普查概况、普查范围、清查规定、清查表填报、入户技巧、清查制度建立等	2018.6	60	下发清查建库信息；国家和北京市普查总体安排、技术规定、普查表填报说明、手持终端数据录入说明、入户技巧培训、数据审核和质量控制要求、数据上报要求等
1	北苑街道	2018.5	35	乡镇/街道污染源分布情况、五类清查表填表方法、清查工作制度培训、坐标定位方法、报表制度和数据汇总上报说明；下发各乡镇/街道清查工作手册、北京市清查技术规定、清查表、国民经济行业代码表；技术答疑、与乡镇普查机构沟通、确定办公条件、清查入户方式等具体问题；建立联系人通信录	2018.6	19	核对各乡镇/街道清查建库信息；普查技术规定、通州区普查工作方案、下发各乡镇/街道普查工作手册、国家或北京市普查技术规定、普查表或手持终端、国民经济行业代码表；各类普查表填报说明、手持终端数据录入使用说明、入户技巧培训、组织纪律要求、宣传沟通注意事项；普查数据填写、汇总、审核、质控和上报要求；与乡镇普查机构沟通建立入户调查工作机制、责任机制，技术答疑，建立联系人通信录
2	新华街道	2018.5	20		2018.6	6	
3	玉桥街道	2018.5	25		2018.6	13	
4	中仓街道	2018.5	30		2018.6	12	
5	漷县镇	2018.5	70		2018.6	48	
6	梨园镇	2018.5	25		2018.6	23	
7	潞城镇	2018.5	200		2018.6	63	
8	马驹桥镇	2018.5	50		2018.6	53	
9	宋庄镇	2018.5	300		2018.6	39	
10	台湖镇	2018.5	20		2018.6	24	
11	西集镇	2018.5	180		2018.6	38	
12	永乐店镇	2018.5	120		2018.6	39	
13	永顺镇	2018.5	35		2018.6	40	
14	于家务乡	2018.5	60		2018.6	29	
15	张家湾镇	2018.5	150		2018.6	54	
参与总人数（约）			1 400			560	

清查阶段培训考核题目示例如表6-5所示。

表 6-5　清查阶段培训考核题目示例

通州区第二次全国污染源普查清查工作技术培训试题

姓名：＿＿＿＿＿；所属乡镇/街道：＿＿＿＿＿＿＿＿

一、第二次全国污染源普查清查工作包括哪几类污染源类型？（10 分）

二、选择题（30 分）

（1）以下不纳入生活源锅炉清查范围的锅炉类型为（多选题）：＿＿＿＿＿（10 分）

A. 2017 年淘汰使用的

B. 电锅炉

C. 工业污染源、规模以上畜禽养殖场、集中式污染治理设施普查范围的生产经营场所中供生产使用的锅炉

D. 2017 年内"煤改电"的

E. 热力生产与供应企业，对外经营业务的锅炉

F. 2017 年存续、改造，但未使用的

（2）以下关于生活源锅炉清查描述正确的是（多选题）：＿＿＿＿＿（10 分）

A. 多个单位共同使用，由锅炉产权拥有者或实际运营单位填报

B. 产权单位和使用单位分离，由 2017 年度实际使用单位填报，注明产权单位

C. 实际使用单位发生变更，由锅炉产权单位负责联系变更前单位获取数据

D. 锅炉额定出力大于 0.7 MW 或 1 t/h 的纳入清查范围

（3）以下属于本次规模化畜禽养殖场清查范围的养殖类型包括（多选题）：＿＿＿＿＿（10 分）

A. 生猪　　B. 奶牛　　C. 肉牛　　D. 蛋鸡　　E. 肉鸡　　F. 蛋鸭

三、案例分析（60 分）

某普查员入户清查集中式污染治理设施时发现，某农村（A 村）集中式污水处理设施设计处理能力≥10t/d，服务家庭为 15 户，该设施由某污水处理设备管理公司（B 公司）管理和维护。

问题：1. 该治理设施是否纳入集中式污染治理清查范围？

2. 该普查员在填写清查表时，运营单位应如何填写？

3. 该普查员在填写清查表时，统一社会信用代码和组织机构代码是否需要填写？如需要，填写哪个机构的代码？如不需要，应该如何编码？

6.4　积极迎接检查

区普查办进行工作总结和技术总结，开展自下而上的验收和评比。汇总整理管理文件和技术文件内容，以及普查过程中形成的通知、文件、汇报材料、技术报告、工作日志、照片、音像等材料，将工作报告和相关材料按时上报市级领导小组，做好相关准备，迎接北京市对本区普查工作的检查及验收。

6.5　清查成果总结提升

对全区污染源普查数据进行分析整理，建立区污染源普查数据库。

在污染源普查数据库的基础上，开发污染源数据管理信息系统，对全区污染源普查数据进行分析整理，建立区污染源信息管理系统。满足国家和北京市对于本次通州区污染源普查数据收集、审核与上报的相关要求，满足通州区自身污染源与环境风险管理需求，为区域环境监管、排污核算、质量改善与提升提供数据基础与管理平台，对服务好通州区环境管理具有重要意义。

组织开展普查数据加工、分类汇总、在线展示、可视化发布、普查公报编制、普查档案管理、普查成果汇总出版、普查专题报告撰写等工作。结合污染源普查将通州区污染源分布制作"一张图、一张表、一张网"，为通州区后续污染源管理和环境监管提供重要依据。基于信息系统和数据库构建，组织开展基于普查结果的污染源和风险源分级与制图、编制分区域污染物排放清单、开展多污染物协同控制等相关工作。

普查数据成果开发转化的主要应用内容包括：构建通州区污染源和污染物排放清单、建立通州区环境风险源清单、支撑通州区"十四五"环境统计制度框架设计、支撑通州区水、土、大气污染源解析工作、支撑通州区排污许可等管理工作。

第7章　清查阶段工作总结

根据国家和北京市对第二次全国污染源普查清查工作的总体部署和工作要求，通州区结合自身发展特点和区位优势，充分组织相关力量积极开展普查清查工作，从 2018 年 4 月起至 8 月，历时 5 个月，圆满完成通州区第二次全国污染源普查清查工作任务，系统构建了通州区清查源"一源一图一档一册"的完备管理体系，为下一步全面打赢全区污染源普查的普查入户攻坚战奠定了坚实的基础，对下一步加强全区环境污染源风险防控和环境监管，提供了重要的数据支撑。

7.1　夯实前期基础，做好清查准备

1. 加强组织领导，组建普查机构

2017 年年底，通州区人民政府批准成立"北京市通州区第二次全国污染源普查领导小组"及其工作办公室，通州区负责环保方面工作的副区长担任领导小组组长，副组长由区政府办 1 名副主任和区环保局、区统计局的主要领导担任。区环保局抽调 5 名业务骨干成立区普查办综合组，通过公开招投标选聘第三方机构形成入户调查组和质量核查组，区普查办全部成员集中办公，加强组织领导。各级乡镇人民政府和街道办事处成立镇街一级普查机构。按照北京市"国家统一部署，市、区分级负责，部门分工协作，街道/乡镇组织实施，各方共同参与"的基本原则，区普查办于 2018 年 4 月 24 日组织全区乡镇/街道主要领导和普查机构主要负责人召开"通州区第二次全国污染源普查清查工作推进会"。

2. 编制普查方案，完善清查建库

通州区普查办组织技术力量编制《通州区第二次全国污染源普查工作实施方案》，立足通州区环境管理现状，突出区位优势，提高环保站位，力图保障城市副中心未来生态城市建设发展需求，在满足国家和北京市普查要求的基础上，以"切实际、高标准、严要求"

为原则制定了普查实施方案，并经区常委会同意发布。通州区充分发挥部门协作，对北京市下发清查源底册进行补充，共计形成工业企业清查源底册 18 000 余家、生活源锅炉底册 2 000 余台、入河排污口底册 100 余个、畜禽养殖场（户）底册 1 800 余家、集中式污染治理设施底册共计 200 余个，制作了普查小区分布图。区普查办于 2018 年 4 月 24 日将这些清查底册划分并下发至乡镇/街道，作为指导开展清查工作的依据。

3. 保障普查经费，落实办公条件

6 月中上旬依照国家《关于做好第三方机构参与第二次全国污染源普查工作的通知》要求，完成了普查质量核查第三方机构和入户调查工作的公开招投标。区普查办位于九棵树东路土桥永安大厦，占地面积 562.58 m²，包含办公室、会议室、机房、档案室、卫生间等，区普查办连通环保专网，配备专用电脑和工位，满足数据录入和审核上传的网络要求，满足国家和北京市对区普查办公室的建设要求。

4. 完成"两员"选聘，制定工作机制

通州区普查办严格按照北京市普查办的"两员"选聘要求，已于 6 月底提交《通州区第二次全国污染源普查普查员和普查指导员名册》，共计聘用普查员 493 名，普查指导员 71 名，满足国家和北京市聘用要求，通过普查相关技术培训考核，由北京市普查办统一登记在册、制证发证，具备持证上岗资格。为明确普查清查阶段工作机制，保障清查工作顺利开展，通州区普查办严格依据国家和北京市有关管理规定，制定了 17 个管理文件和通知办法、15 册镇街清查工作手册，确保清查技术工作有据可循。

7.2　系统谋划设计，做好组织实施

1. 加强部门协作，落实任务分工

通州区普查办与通州区农业局、园林局和水务局积极沟通，按照北京市农业局和北京市水务局下发的相关通知要求，落实农业面源清查表填报、规模化畜禽养殖场清查和入河排污口排查工作，传达普查清查要求，加强部门协作，明确责任分工，确保五类清查源清查工作同期开展。

2. 开展技术培训，完成入户清查

4 月 24 日，通州区普查办组织全区乡镇/街道主要领导和普查机构主要负责人召开"通州区第二次全国污染源普查清查工作推进会"。4 月 26 日—5 月 10 日，通州区普查办联合

各乡镇普查机构召开了 15 个乡镇/街道的清查工作技术培训会。参会人数达到 1 200 余人。入户清查期间召开 3 次清查工作调度会,形成每日上报制度,共填写清查表 2 000 余份,收集每日工作日志 200 余份、现场取证照片千余张,投入 200 余人次开展数据质控、抽查校核和档案管理工作。按照北京市时间节点要求完成并上报了五类清查源的入户清查结果。

3. 注重质量管理,开展质量校核

通州区普查办根据国家和北京市的质控要求,开展 5 类校核质控工作:(1)现场质控。依据通州区抽查自查要求对北京市现场质控单进行补充,质控单总回收率占全部三类清查纳普对象总数的 90% 以上,有效达到现场质控的作用。(2)乡镇自查/街道。结合关键指标审核要点,对本辖区内纳普清查源报表填写和系统录入数据进行了自查、修改和更正。(3)开展普查小区抽查检查。清查阶段,对全区 41 个普查小区抽查了所有的清查源,填写抽查表,共计抽查除入河排污口的四类源总计 300 余个。(4)开展数据校核工作。包括数据录入校核和审核员–乡镇清查组长–数据录入–校核组终审多级校核机制。依据清查数据审核要点对纸质表录入结果和纸质清查表展开核查,并修正发现的错误信息。(5)查漏补缺、补充入户。根据北京市要求完成第四次数据修改提交后,积极组织各乡镇普查机构、工业园区管委会、区农委等部门到区普查办协同办公,核对现有清查数据,及时发现错误、遗漏的信息和清查源,并进行补充入户,共更正和补充各类清查源约 100 条,高标准、高要求、高质量按照国家要求的时间节点和北京市的第五次数据要求提交最终清查成果。

4. 加大宣传力度,完善档案管理

清查期间,通州区普查办组织制作宣传条幅、制服、纪念品等上千件,分别于 5 月 22 日和 6 月 5 日在宋庄镇和潞城镇组织了两次现场污染源普查宣传活动,撰写宣传稿 4 份,其中通州区环保微信公众号推送 1 次,累计阅读量 805 次,为后续开展全面普查做出铺垫。为进一步加强档案管理工作,通州区普查办制定了区普查档案管理办法,针对清查过程中的全部纸质和电子档案进行归类整理,建立电子档案管理系统,确保各类清查源"查得清、说得清、找得到",为后续普查实施和清查成果提炼提供良好的基础。

7.3　圆满完成任务,阶段成果丰硕

1. 整体清查工作顺利,成果质量可控

截至 2018 年 6 月月底,通州区普查办按时完成区普查清查工作。8 月 8 日,按照北京

市第五次数据要求提交成果。通州区第二次全国污染源普查清查工作开展顺利，前期培训及时，5 月 28 日迎接北京市前期工作检查获得了圆满成功。总体质控包括现场质控、数据录入质控、数据校核质控等，对于清查成果的质量处于可控状态，为下一步开展入户调查工作奠定清晰良好的基础，为后续全面开展普查工作提供了经验。

2. 按时完成清查工作，满足国家和北京市上交要求

通州区普查办严格遵守北京市普查办下发的各个时间节点，按时保质保量完成和上报清查工作成果。共计分 5 次修改和提交五类清查数据和清查汇总表，其中第四次数据修改三次，提交"双周调度"表 4 次。根据 6 月 5 日和 7 月 6 日北京市下发的两次数据修改要求对清查数据进行整改提交。6 月 15 日提交了修改后的第二次清查数据。6 月 21 日北京市普查办到通州区开展市级清查质量核查工作，针对一些关键问题提出了要求和修改建议，6 月 28 日通州区普查办按时提交了根据市级检查意见整改完善后的第三次清查数据。7 月 10 日通过"北京市清查数据审核会议"提交了第四次清查数据修改，随后分三次进一步修改提交。满足北京市和国家的相关清查验收时间节点要求。7 月 31 日区普查办技术组人员参加北京市第四次数据集中修改审核，当天完成错误率 0% 达标。8 月 8 日经乡镇普查机构和园区管委会协同办公，查漏补缺、补充入户后，经 2 次修改最终向北京市提交第五次数据。

3. 开展质量核查，满足国家和北京市清查质量要求

严格按照北京市普查办反馈的关键问题和错误点，组织入户调查第三方机构和质量核查第三方机构开展清查检查调度会，在区普查办统一指导下，技术核查组通过微信群和电话沟通，核查组和小组长驻扎区普查办加班加点进行整改，区普查办积极组织各乡镇普查机构、工业园区管委会、区农委等部门到区普查办协同办公，核对现有清查数据，及时发现错误、遗漏的信息和清查源。整改后，全区自查清查质量漏查率 0.14%、错误率 0.28%、重复率 0.56%，均高标准达到区普查办要求的总体质量控制指标，符合北京市检查相关要求。

7.4 仔细梳理体会，总结已有经验

1. 领导高度重视，各项工作组织有序

区委、区政府、区普查办领导高度重视清查工作，曾多次到区普查办和环保局指导工作。各项清查培训、入户清查等工作组织有序，确保了清查工作的顺利开展。

2. 技术支撑保障有力，清查成果高度丰硕

充分调用第三方技术力量，全力支撑清查建库、清查培训、入户填表、录入质控等相关工作，确保清查成果全面、完整、丰硕。

3. 上下协调工作顺畅，高效准确质量过硬

建立起较为健全的工作机制，使区普查办各方机构协调有序、沟通顺畅，从培训、填表、入户、录入、质控等各个方面高效准确地保障了清查成果质量。

4. 团结协作严谨有序，圆满完成清查入户现场工作

在国家和北京市紧张的数据提交时间节点面前，区普查办有序安排各项工作，团结一致共同攻坚克难，确保次次按时完成数据提交，圆满完成清查入户现场工作。

5. 认真仔细不怕烦琐，核对校核确保无误

高标准、严要求，加强自身管理和质量把控要求，在第四次数据修改上报结束后，区普查办提高自身清查要求，通过乡镇普查机构和园区管委会协同办公的形式，不怕烦琐，反复校核，补充入户，确保结果无误。

6. 整理素材全面建档，信息化电子化网络化备案

清查工作收尾阶段，全面整理清查表、核实表、照片、证明材料，分类分册建档归类，并将所有档案进行电子化、信息化、网络化记录备案，实现清查工作现代化、高效化。

7."一源一档一图一册"，全面识别精准入库

通过全面开展清查工作，实现全区清查源"一源、一档"，所有清查点位落入通州区普查小区分布图，建立"一图、一册"，为最终实现全区普查目标奠定坚实的工作基础。

7.5　做好筹划准备，打赢普查战役

1. 加强普查阶段宣传工作

由于清查初期阶段宣传和信息传导未完全跟上，宣传方案制定不及时，存在清查信息未及时普及到公众，居民或企业不理解普查和清查工作，减弱了保障清查入户的效果。普查阶段，加大宣传力度，普查员持证上岗、正式着装、配备"致被普查对象的一封信"和

"入户承诺书"，普查小区公示栏公示辖区内普查员信息，提供小礼品，通过微信和微博公众号及时发布新闻消息和推送，满足宣传要求，保障普查工作的顺利推进。

2. 加强人员管理，强化工作制度

加强普查阶段入户调查人员管理，实行乡镇/街道组长制和普查指导员负责制，固定普查技术人员、普查指导员、普查员，建立普查员区域负责制，明确普查员入户调查纪律要求，签订普查责任书。明确企业填报责任和普查技术人员质量把关责任，强化区普查办和入户外业沟通工作机制，在清查档案管理工作基础上进一步明确普查档案管理制度和档案分类存放要求，在区普查办设置档案管理员，明确普查工作推进机制，加强组织培训，明确责任分工，保障入户调查工作顺利推进。

3. 实施多级质控，保障普查工作顺利开展

总结清查阶段工作经验和组织经验，通过开展试点乡镇/街道普查工作先行先试，由普查小区到全区范围，由典型行业企业到普遍行业企业，建立适用于通州区的合理的普查表填报制度和质控校核制度，建立普查员现场质控-普查指导员初级审核-普查技术组二次审核-区普查办最终审核的多级质控机制，确保从入户端到数据汇总端的层层质量把关，确保及时发现问题反馈问题，避免问题堆积集中解决，保障下一步全面普查工作顺利开展。

第8章 下一阶段工作部署

下一阶段的主要工作内容包括：做好乡镇/街道试点、组织培训指导、完成普查入户、做好保障实施四个方面。要切实提高政治站位，从打好污染防治攻坚战、推进生态文明建设、建设美丽中国的高度，全面细致地做好入户调查，高标准、高质量、高水平完成普查任务，为准确判断生态环境形势、加强污染源监管、改善生态环境质量、防控环境风险、服务环境与发展综合决策提供科学依据和重要支撑。接下来将会开展普查工作，普查工作开展的第一步就是在清查成果的基础上开展入户调查，获取普查基本数据，普查数据是普查的生命线，可以说决定了整个普查工作的成败。下一阶段普查的入户填报工作专业化程度高，技术难度大，入户调查调度工作量大，需要各方力量协调沟通，同时，入户调查工作规范化、标准化和程序化的要求更高。要求全体普查工作人员必须高度重视入户调查，严格把控入户调查质量，确保入户调查获取良好的成效。下一级阶段的主要工作主要包括宋庄镇试点工作的开展、普查技术培训、全面入户调查开展的同时并做好与北京市要求的补充清查工作有机衔接，最后需要做好组织协调、宣传动员、定期考核、后勤保障以及工作计划。

8.1 全面启动宋庄镇普查试点工作

根据北京市要求与安排，选取通州区宋庄镇为北京市普查试点乡镇/街道，通州区高度重视宋庄镇普查工作的开展，务必保证高质量、高标准地按时完成宋庄镇的普查工作。同时结合宋庄镇普查工作的开展，培养出能够熟练掌握普查表填报技巧的普查指导员。

宋庄镇普查试点工作的开展，要遵循先行先试原则，首先选取具有代表性的企业进行普查试填报，试填报过程中总结入户调查经验，形成完善的详细培训计划，试点培训完成后，积极组织整个宋庄镇的入户调查填报，在保证普查质量的前提下，在宋庄镇试点工作开展的同时形成一套可复制可推广的普查入户工作方案，这就要求试点工作开展时必须认真细致，逐步摸索，形成规范化制度程序，从而直接应用到其他乡镇/街道，树典型，抓先进，充分展现试点的作用。

8.2 稳步开展普查技术指导和培训工作

在宋庄镇试点工作开展的同时，做好普查技术培训，通州区普查技术人员将会利用幻灯片讲解、普查表填报视频以及普查填报技术指导手册等多种手段相结合的方式展开普查技术培训与指导工作，通过试点工作的开展，首先确保通州区普查指导员充分掌握普查填报技术，在其他乡镇/街道普查工作开展时，由普查指导员指导对应的普查员开展普查工作，建立区普查办技术人员–普查指导员–普查员多元技术指导的特点。

届时，在试点工作开展时，需要协调第三方入户调查组确定 50 名普查指导员，建立普查指导员基本名单，该 50 名普查指导员在通州区其他乡镇/街道的普查入户调查过程中，将会担任对应污染源普查技术组组长，带领对应的普查员完成相关乡镇/街道的普查工作，因此，务必保障参与宋庄的普查指导员在整个通州区普查期间，持续在岗，负责到底。

8.3 全面普查入户以及北京市补充清查工作有机衔接

在完成宋庄镇入户调查的基础上，总结宋庄镇普查成果经验，对参与宋庄镇的普查指导员进行综合评估，根据评估结果并结合每名普查指导员掌握的各类源的情况，重新对参与宋庄镇普查工作的 50 名普查指导员进行分组，按照全区剩余 14 个乡镇/街道的具体工作量，平均分成 10 个组，平均每组 4～5 名普查指导员，每个乡镇/街道至少安排一组普查指导员。根据当时的时间要求、结合已经掌握的普查进度确定每组需要配备的普查员数量，从而完成通州区全面的普查工作。

除了入户调查获取相关普查数据，还有部分普查表需要通州区其他相关委办局组织填报，主要涉及：园区管委会组织填报《园区环境管理信息》普查表；乡镇普查机构组织本乡镇/街道各个村委会填报《生活源社区（行政村）燃煤使用情况》普查表以及《行政村生活污染基本信息》普查表；农业部门组织填报《全区种植业基本情况》普查表、《全区种植业播种、覆膜与机械收获面积情况》以及《全区农作物秸秆利用情况》普查表；畜牧部门组织填报《全区规模以下养殖户养殖量及粪污处理情况》普查表；渔业部门组织填报《全区水产养殖基本情况》《机动渔船拥有量》普查表；公安交管部门组织填报《机动车保有量》普查表；农机管理部门组织填报《农业机械拥有量》和《农业生产燃油消耗情况》普查表。以上提到的各个委办局需要填报的都是针对全区的一张综合表，需要各个委办局通过已掌握的数据按照要求组织填报。需要各乡镇/街道组织各个村委填报的是针对各个社区（行政村）的 2 张普查表。

通州区普查办组织实施入户调查获取数据填报基层表的同时，将会协调其他委办局，提供技术指导，获取数据同步填报全区综合表，从而完成所有需要填写的普查表，确保填写完整性。同时需要兼顾市普查办要求的补充清查工作和普查入户工作的协同推进。协调工商局、安监局获取北京市补充清查的基本数据，形成基本清查底册，进而开展北京市补充普查下一步的入户调查工作。

8.4 做好组织协调、宣传动员、定期考核、后勤保障和工作计划

前期做好协调沟通，共同协商做好入户调查交通保障，提前安排好入户行程，确保普查员按时抵达普查对象单位，提高入户调查效率。

普查入户阶段，需要加大宣传力度，提高调查对象的配合度，从而提高入户效率，保证普查入户获取数据真实性，同时在入户调查前期做好沟通协调，提前计划好每个调查对象的入户日常安排，提前准备好普查表填报所需材料，保障入户调查效率，为普查工作做好支撑。

严格控制普查表填报质量，建立普查员现场质控–普查指导员初级审核–普查技术组二次审核–普查办质控人员最终审核的多级质控机制，确保从入户端到数据汇总端的层层普查质量把关，做好普查数据质量控制工作。

同时，区普查办设立在线技术支持小组，小组成员负责及时收到并记录前线入户人员遇到或发现的问题，核实确认后给予回答，保证入户工作顺利高效地展开。

由通州区普查办技术人员制定《通州区第二次全国污染源普查入户调查工作程序管理办法》，对入户准备、入户流程、调查技巧、调查要求、质量要求、绩效责任、考核要求、奖惩制度等做明确规定。确保入户前准备充足、入户中依法依规，入户后质量可控。

做好下一阶段普查工作，填报完整、准确，程序规范、严格，组织有序、重视最关键。普查入户调查过程中需做好以下四点：

（1）按照普查填报报表的填报要求，确保应填尽填，把编号、名称、污染物、排放量、单位、备注等，逐一仔细核实，确保没有任何遗漏、错误、偏差和混淆；

（2）严格按照填报要求以及指标解释中的要求，确保每项指标填报准确，应仔细校核单位、符号、污染物名称、代码、行业等，用词规范准确；

（3）入户填报过程中参考的依据及材料，注意复印备份或者拍照留存，要求明确日期、面谈人员、程序、是否交代清楚必要的内容和要求，对方的答复、提供的材料是否准确，是否确定或需要核实；

（4）把普查人员、乡镇/街道陪同人员、村级公示、普查员和普查指导员人员数量、着装和语言文明规范、程序上合规合法，完全满足相关要求，这一点要作为普查填报的核心来落实。

打赢普查入户调查攻坚战是重要的整治任务，要牢记习近平总书记关于建设政治强、本领高、作风硬、敢担当，特别能吃苦、特别能战斗、特别能奉献的生态环境保护铁军的重要指示和殷殷嘱托，苦练技术本领、提高工作能力、锤炼工作作风、强化使命担当，不断提升普查规范化、标准化、专业化水平。